Tarikul Islam

Eficácia de alguns pesticidas bio-racionais contra Leucinodes orbonalis

Tarikul Islam

Eficácia de alguns pesticidas bio-racionais contra Leucinodes orbonalis

ScienciaScripts

Imprint

Any brand names and product names mentioned in this book are subject to trademark, brand or patent protection and are trademarks or registered trademarks of their respective holders. The use of brand names, product names, common names, trade names, product descriptions etc. even without a particular marking in this work is in no way to be construed to mean that such names may be regarded as unrestricted in respect of trademark and brand protection legislation and could thus be used by anyone.

Cover image: www.ingimage.com

This book is a translation from the original published under ISBN 978-3-330-08109-3.

Publisher:
Sciencia Scripts
is a trademark of
Dodo Books Indian Ocean Ltd. and OmniScriptum S.R.L publishing group

120 High Road, East Finchley, London, N2 9ED, United Kingdom
Str. Armeneasca 28/1, office 1, Chisinau MD-2012, Republic of Moldova, Europe
Printed at: see last page
ISBN: 978-620-7-87384-5

ÍNDICE

RECONHECIMENTO

Todos os louvores, gratidão e agradecimentos são devidos a Alá Todo-Poderoso (subbhanahu-wa-taalah) que permitiu concluir com êxito este trabalho de tese para a obtenção do grau de Mestre em Ciências (MS) em Entomologia.

O autor orgulha-se de exprimir o seu profundo apreço, a sua sincera gratidão e a sua dívida para com o seu supervisor de investigação, Dr. Gopal Das, Professor Associado, Departamento de Entomologia, Universidade Agrícola do Bangladesh (BAU), Mymensingh, pela sua valiosa orientação, críticas construtivas, encorajamento e sugestões durante o período experimental e a conclusão desta tese.

O autor está muito grato e sente-se orgulhoso por expressar a sua honra ao co-orientador, Professor Dr. Mohammad Mahir Uddin, Departamento de Entomologia, Universidade Agrícola do Bangladesh, Mymensingh, pela valiosa orientação e inspiração contínua na preparação desta tese.

O autor expressa os seus agradecimentos cordiais a todos os professores e funcionários do Departamento de Entomologia da Universidade Agrícola do Bangladesh, Mymensingh. O autor reconhece com gratidão a cooperação cordial, a colaboração amigável, os conselhos frutuosos e a ajuda recebida de muitas pessoas desde o início até ao fim desta tese.

O autor tem uma dívida de gratidão para com os seus queridos pais, irmãs, irmãos e outros membros da família pela sua bênção, inspiração, sacrifício e apoio moral durante todo o período da sua vida académica.

O autor

DEDICADO AOS MEUS QUERIDOS PAIS, IRMÃ E AVÔ

ABREVIATURAS

%	-Percent
**	-Significant at 1% level
/	–per
@	-At the rate of
a.i	–Active Ingredient
Agril.	–Agricultural
BAU	-Bangladesh Agricultural University
cm	–Centimeter
CSI	–Chitin Synthesis Inhibitor
CV	-Co-efficient of Variation
DAT	–Days After Treatment
DMRT	-Duncan's Multiple Range Test
EC	-Emulsifiable Concentration
et al.	–And others
FAO	-Food and Agriculture Organization
g	-Gram
H	-Hour
ha	–Hectare
IGR	–Insect Growth Regulators
IPM	–Integrated Pest Management
L	-Liter
LSD	-Least Significant Difference
m	–Meter
ml	–Milliliter
mm	–Millimeter
MP	-Muriate of Potash
t	–Ton
RCBD	-Randomized Complete Block Design
Res.	-Research
Sci.	-Science
SEM	-Standard Error of Mean
SG	-Soluble Granule
TSP	–Triple Super Phosphate
Viz.	–Namely

RESUMO

No presente estudo, foi avaliada a eficácia de alguns biopesticidas microbianos e à base de IGR contra a infestação da broca do rebento e do fruto da brinjal (BSFB), *Leucinodes orbonalis* (Guen), no Laboratório de Campo de Entomologia da Universidade Agrícola do Bangladesh (BAU), Mymensingh, entre janeiro e julho de 2014. Os biopesticidas foram aplicados individualmente ou em algumas combinações seleccionadas e a sua eficácia foi avaliada em diferentes parâmetros, nomeadamente a percentagem de infestação de rebentos, a percentagem de infestação de frutos, a produção de frutos infestados e comercializáveis (t/ha). Verificou-se que todos os tratamentos reduziram significativamente a percentagem de infestação de rebentos e de frutos e aumentaram significativamente a produção de frutos comercializáveis. O melhor resultado foi encontrado no caso do tratamento combinado de buprofezina + benzoato de emamectina (70,75% de proteção de rebentos e 63,99% de proteção de frutos em relação ao controlo; maior rendimento de frutos comercializáveis de 9,94 t/ha), enquanto que a menor proteção foi obtida em parcelas tratadas com buprofezina (1 ml/L) (17,87% de proteção de rebentos e 15,66% de proteção de frutos em relação ao controlo; menor rendimento de frutos comercializáveis de 6,05 t/ha). No laboratório, foram aplicadas diferentes concentrações de buprofezina através de métodos tópicos, de imersão em batata e combinados (tópicos + imersão em batata) nas larvas de 2nd instares da BSFB e, em seguida, foram observadas mortalidade, redução de peso ou alterações cuticulares às 3 HAT (horas após o tratamento), 3 e 7 DAT (dias após o tratamento). Não foi observada mortalidade ou redução de peso às 3 HAT. O nível significativo de mortalidade e redução de peso foi observado aos 3 DAT em todos os métodos de aplicação, mas a mortalidade máxima e a redução de peso foram encontradas aos 7 DAT. Também se observou que o método de imersão em batata foi altamente eficaz do que o método tópico no que respeita à mortalidade e à redução de peso. Foram encontradas anomalias cuticulares quando as larvas foram tratadas com concentrações mais elevadas de buprofezina em comparação com o controlo tratado com água. Além disso, a mortalidade das larvas e a redução do peso foram claramente dependentes da dose.

CAPÍTULO 1

INTRODUÇÃO

A couve-brinjal *(Solanum melongena* Linn.) é uma das culturas hortícolas mais populares e cultivadas durante todo o ano em todo o Bangladesh, cobrindo cerca de 15% da área total de cultivo de produtos hortícolas do país (Rahman, 2005). É geralmente cultivada como uma cultura sazonal e amplamente cultivada nas épocas rabi e kharif. No Bangladesh, é a segunda cultura hortícola mais importante, a seguir à batata, em relação à sua produção total. A Ásia tem a maior produção de brindes, que compreende cerca de 90% da área total de produção e 87% da produção mundial (FAO, 2000). A Brinjal pertence à família Solanaceae e é normalmente uma cultura anual auto-polinizada. Devido ao seu valor nutritivo, constituído por minerais como o ferro, o fósforo, o cálcio e vitaminas como A, B e C, os frutos verdes são utilizados principalmente como legumes no país. É também utilizada como matéria-prima no fabrico de pickles e como um excelente remédio para quem sofre de problemas hepáticos. É utilizado na medicina ayurvédica para curar a diabetes. É também utilizado como um bom aperitivo. É um bom afrodisíaco, cardiotónico, laxante e alivia a inflamação.

A brindila é suscetível ao ataque de vários insectos desde a fase de plântula até à fase de frutificação. Esta cultura é infestada por 53 espécies diferentes de insectos (Nayer *et al.*, 1995), incluindo (1) broca do rebento e do fruto da Brinjal, BSFB *(Leucinodes orbonalis* Guen.), (2) escaravelho Epilachna *(Epilachna vigintioctopunctata* Fab.), (3) pulgão *(Aphis gossypii* Glover), (4) Jassid *(Amrasca biguttula* Ishida), (5) mosca branca *(Bemisia tabaci* Gennadius), etc. No Bangladesh, cerca de oito espécies de insectos são consideradas como pragas importantes que causam danos à cultura (Biswas *et al.*, 1992). Entre estes insectos, a broca do rebento e do fruto da brinjal, *Leucinodes orbonalis* Guen. (Lepidoptera: Pyralidae) é a praga mais destrutiva e é considerada o fator limitante da colheita quantitativa e qualitativa de frutos de brinjal. Na fase inicial de crescimento da cultura, a larva penetra nos rebentos, provocando a queda, o murchamento e a secagem dos rebentos afectados. Durante a fase reprodutiva, a larva penetra nos botões florais e nos frutos, sendo os orifícios perfurados invariavelmente tapados com excrementos. Os frutos infestados tornam-se impróprios para consumo humano devido à perda de qualidade e perdem o seu valor de mercado. Também é relatado que haverá uma redução no conteúdo de vitamina C de até 68% nos frutos infestados (Hemi, 1955). Os frutos danificados são identificados pela presença de orifícios de saída. As larvas da BSFB atacam os rebentos na fase inicial, afectando o sistema vascular da planta, enquanto nas fases posteriores as larvas preferem os frutos. Apenas as larvas desta praga causam 12-16% de danos nos rebentos e 20-60% nos frutos (Alam, 1969). A praga é muito ativa durante a estação das chuvas e do verão e causa frequentemente danos superiores a 90% (kallo, 1988). A perda de rendimento foi estimada em até 86% no Bangladesh (Ali *et al.*, 1980) e em até 95% na Índia (Nasr *et al.*, 2010). Esta praga pode também infestar a batata e outras culturas solanáceas e plantas silvestres (Karim e Islam, 1994).

O controlo químico é a prática mais comum no Bangladesh para controlar *L. orbonalis* e para produzir frutos de brinjal sem manchas. Mais precisamente, 98% dos produtores de brinjal no distrito de Jessore (parte sul do Bangladesh) dependem exclusivamente da utilização de pesticidas convencionais e utilizam esses pesticidas 140 vezes ou mais numa época de cultivo de 6-7 meses (AVRDC, 2003). De acordo com a Pesticide Association of Bangladesh (1999), a utilização de pesticidas na cultura da couve-galega foi de 1,41 kg/ha, ao passo que, no caso dos produtos hortícolas, foi de 1,12 kg e, no caso do arroz, de apenas 0,20 kg/ha. Dado que a brinjela é uma cultura hortícola, a utilização de insecticidas químicos deixará resíduos tóxicos consideráveis nos frutos, o que é certamente prejudicial para a saúde humana. Além disso, a dependência exclusiva de insecticidas químicos para controlar *L. orbonalis* conduziu à resistência aos insecticidas, ao aparecimento de pragas secundárias, à morte de organismos não visados, a riscos ambientais, etc. A utilização frequente de insecticidas é ecologicamente insegura e também economicamente inviável. Os insecticidas podem fornecer uma solução rápida para o problema, mas a sua utilização deve ser judiciosa e devem ser privilegiadas outras abordagens de controlo na gestão da BSFB. Tendo em conta os factos acima referidos, foi realizado um trabalho de investigação para averiguar a eficácia de alguns biopesticidas contra a BSFB.

O termo biopesticida está a ganhar popularidade rapidamente no atual clima de sensibilização ambiental e de preocupação pública. Este termo deriva de duas palavras, biológico e pesticida, referindo-se a pesticidas de origem natural ou microbiana que têm efeitos adversos limitados ou nulos no ambiente ou nos organismos benéficos. A Agência de Proteção do Ambiente (EPA) considera que os biopesticidas têm modos de ação diferentes dos pesticidas convencionais ou tradicionais, com maior seletividade e riscos consideravelmente menores para o homem, a vida selvagem e o ambiente. Os biopesticidas podem ser derivados de uma variedade de fontes, incluindo bactérias, vírus, fungos e protozoários, bem como análogos químicos de produtos bioquímicos naturais, como feromonas e reguladores de crescimento de insectos (IGR). São considerados pesticidas de terceira geração que não prejudicam o ambiente e são muito semelhantes ou idênticos aos produtos químicos produzidos por insectos e plantas.

Entre os insecticidas microbianos, o spinosade, o benzoato de emamectina e a abamectina (Kumar e Devappa, 2006) são os agentes de controlo de insectos mais promissores. O papel dos insecticidas microbianos na gestão dos insectos lepidópteros tem vantagens óbvias em termos de eficácia, especificidade e segurança para os organismos não visados e outros componentes relacionados com a biosfera. Por conseguinte, no presente estudo, estes insecticidas microbianos foram avaliados contra a BSFB em condições de campo. Além disso, existem alguns análogos naturais e sintéticos que são capazes de interferir com os processos de crescimento, desenvolvimento, muda e metamorfose das pragas visadas. Estes produtos químicos foram designados "reguladores do crescimento dos insectos" (IGR) e constituem pesticidas biológicos muito potenciais.

O modo de ação dos IGR não é orientado para o sistema nervoso central, mas mata os insectos potencialmente através da cessação do processo de muda (Asai *et al.*, 1985). A buprofezina, um potente inibidor da síntese de quitina (CSI), reduz a população de pragas ao impedir a muda através da inibição da biossíntese de quitina. Além disso, a buprofezina tem múltiplos efeitos sobre as pragas-alvo, como a redução da fecundidade, a eclodibilidade dos ovos, a esterilidade dos ovos, a produção de larvas e pupas anormais (Ragaei e Sabry, 2011). Verificou-se que a buprofezina é muito eficaz contra pragas de hemípteros, algumas larvas de lepidópteros, aranhas, etc. (Deng *et al.*, 2008; Izawa *et al.*, 1985 e Nagata, 1986). Foi relatado que a buprofezina é um biopesticida ecológico que é seguro para organismos não visados, altamente biodegradável e cuja ação é específica para a praga-alvo (Sontakke *et al.*, 2013). No entanto, existe ainda muito pouca informação disponível sobre o impacto da buprofezina contra a broca do rebento e do fruto do brinjal, *L. orbonalis*. Assim, a experiência foi planeada para avaliar a eficácia da buprofezina contra a BSFB no campo, bem como para observar o seu efeito na mortalidade, redução de peso e deformações cuticulares das larvas da BSFB em condições laboratoriais. O presente estudo foi concebido para cumprir os seguintes objectivos:

I. avaliar o efeito individual de diferentes biopesticidas microbianos e à base de IGR contra a infestação de BSFB no campo

II. avaliar os efeitos combinados de alguns biopesticidas seleccionados contra a infestação de BSFB

III. para identificar o tratamento ou as combinações de tratamento mais eficazes com base na ação-alvo

IV. determinar a eficácia dos biopesticidas seleccionados no rendimento comercializável versus infestado (t/ha)

V. investigar o efeito da buprofezina (IGR) na mortalidade, na redução do peso e nas deformações cuticulares das larvas de BSFB em condições laboratoriais

CAPÍTULO 2
REVISÃO DA LITERATURA

A couve-brinjal *(Solanum melongena* Linn.) é o vegetal mais comum, delicioso, popular e um dos principais no Bangladesh e noutras partes do mundo (Nonnecke, 1989). Uma vasta gama de pragas de insectos ataca esta cultura devido ao seu cultivo ao longo de todo o ano, de entre as quais a broca do rebento e do fruto do brinjal (BSFB), *Leucinodes orbonalis* (Guen.), é considerada a praga mais grave, ocorrendo esporadicamente ou como surto todos os anos, onde quer que a cultura seja cultivada, afectando negativamente a qualidade e a quantidade de brinjal. Danifica os rebentos tenros e os frutos. A perda de rendimento causada por esta praga pode atingir 85%. O controlo da BSFB é difícil, uma vez que se alimenta internamente e os agricultores recorrem geralmente a diferentes insecticidas tóxicos para controlar esta praga destrutiva. No entanto, a utilização de biopesticidas para controlar esta praga está a ganhar popularidade de dia para dia devido à sua especificidade para a praga-alvo, à segurança para os inimigos naturais e à redução dos riscos para a saúde humana e o ambiente. A literatura citada nos títulos e subtítulos seguintes revela algumas informações sobre este estudo.

2.1 Revisão geral da broca do rebento e do fruto do brinjal, *Leucinodes orbonalis*

2.1.1 Posição sistemática da broca do rebento e do fruto da brinjal

Filo: Arthropoda

  Classe: Insectos

    Subclasse: Pterygota

      Divisão: Endopterygota

        Ordem: Lepidópteros

          Família: Pyralidae

            Género: *Leucinodes*

              Espécie: *Leucinodes orbonalis*

2.1.2 Nomenclatura da broca do rebento e do fruto do brinjal

A broca do rebento e do fruto da brinjal *(Leucinodes orbonalis)* é um dos insectos pragas mais destrutivos da brinjal *(Solanum melongena* L.) no Bangladesh. É fitófago por natureza e pertence à ordem Lepidoptera e à família Pyralidae. O género *Leucinodes* tem três espécies, *Leucinodes orbonalis* Guen., *Leucinodes diaphana* Hamps. e *Leucinodes apicalis* Hamps. (Alam, 1969).

2.1.3 Origem e distribuição da broca do rebento e do fruto da brinjal

Hampson (1986) descreveu pela primeira vez *L. orbonalis*. De acordo com Butani e Jotwani (1984), *L. orbonalis*, a praga mais séria da beringela, não está apenas distribuída no subcontinente indiano, mas também na África do Sul, no Congo e na Malásia. As plantas de Brinjal são severamente atacadas pela broca do rebento e do fruto nas regiões tropicais, mas não nas zonas temperadas (Yamaguchi, 1983).

2.1.4 Estado da praga e gama de hospedeiros

L. orbonalis é a praga mais grave da brinjal e também é conhecida por infestar a batata e outras culturas solanáceas. Várias espécies selvagens de solanum também são atacadas por esta praga (Karim e Islam, 1994). As larvas também se alimentam de vagens de ervilhas verdes (Alam *et al.*, 1964). Ishaque e Chaudhuri (1983) observaram que, para além da brinjal, algumas outras plantas serviam de plantas hospedeiras e causavam níveis variáveis de infestação durante diferentes períodos do ano. As plantas *Solanum nigrum, S. indicum, S. torvum, S. myriacanthum* e *S. tuberosum* foram referidas como hospedeiras alternativas da praga.

2.1.5 Situação da broca do rebento e do fruto da brinjal e seus danos

A broca do rebento e do fruto da Brinjal é muito prejudicial para a Brinjal durante as estações das chuvas e do verão. As perdas causadas pelas suas infestações são por vezes superiores a 90% (Kalloo, 1988).

Os danos causados pela *L. orbonalis* começam logo após o transplante das mudas e continuam até a colheita dos frutos. A lagarta, após a eclosão, começa a procurar rebentos macios e tenros para perfurar. Está ativa desde o início da sua vida. Nas plantas jovens, as larvas perfuram os pecíolos e as nervuras centrais das folhas grandes e dos rebentos jovens. Depois de entrarem no hospedeiro, as larvas fecham os orifícios de entrada com os seus excrementos e alimentam-se no interior com as suas mandíbulas (Butani e Jotwani, 1984). Os rebentos infestados caem devido à perturbação do sistema vascular e acabam por murchar (Alam e Sana, 1962) e as brocas continuam a perfurar o caule até se fecharem.

Numa fase tardia do crescimento da planta, quando os botões florais aparecem, as larvas começam por perfurar geralmente o cálice e, mais tarde, os botões florais e os frutos sem deixar qualquer sinal visível de infestação e alimentam-se no seu interior (Butani e Jotwani, 1984). Os botões florais infestados secam e desprendem-se. Os frutos infestados apresentam um orifício de saída juntamente com os excrementos. A lagarta repousa numa célula do fruto. O fruto afetado, quando aberto, encontra-se por vezes apodrecido e cheio de excrementos escuros. Os bolores crescem nos frutos, tornando-os impróprios para consumo humano e comercialização.

A larva adulta sai pelo orifício dos frutos e cai no chão para se transformar em pupas no solo ou em detritos vegetais. A percentagem de infestação dos frutos é superior à dos rebentos (Alam e Sana, 1962). A infestação dos frutos pode mesmo atingir mais de 60% durante a estação das chuvas no Bangladesh.

2.1.6 Incidência e abundância sazonal da broca do rebento e do fruto da brinjal

A história sazonal da broca dos rebentos e dos frutos varia consideravelmente devido às diferentes condições climáticas ao longo do ano. Não há hibernação e os insectos encontram-se activos nos meses de verão, especialmente na estação das chuvas. Um estudo revelou que a população de *L. orbonalis* começou a aumentar a partir da primeira semana de julho e atingiu o seu pico (50 larvas por 2 m2) durante a terceira semana de agosto. A população desta praga estava positivamente correlacionada com a temperatura média, a humidade relativa média e a precipitação total (Shukla, 1989).

A broca do rebento e do fruto da Brinjal é menos ativa durante os meses de fevereiro a abril (Alam, 1969). Durante os meses de inverno, as diferentes fases desta praga duram mais tempo e observou-se uma sobreposição de gerações. A formiga preta predadora, *Camponotus compresses, provoca uma mortalidade* considerável das larvas durante o verão (Alam, 1969). A mortalidade das pupas foi observada durante a estação das chuvas devido ao ataque do parasitoide ichneumonídeo e da vespa *Trichogramma chilonis* (Hagerman, 1990). A formiga preta, *Camponolus compressus,* também ataca as traças adultas. A população máxima de traças adultas foi observada durante os meses de dezembro e abril (Alam, 1969).

Panda (1999) efectuou uma experiência de campo em 174 cultivares de brinjal para resistência a *L. orbonalis* em Bhubaneswar, Índia. Nenhuma das entradas de brinjal foi imune ao ataque larvar de rebentos e frutos. O desempenho médio da infestação de rebentos variou de 1,61 a 44,11% e os danos nos frutos variaram de 8,5 a 100,0%. Os danos máximos nos rebentos foram registados aos 75 DAT e aos 99 e 114 DAT nas cultivares susceptíveis e resistentes, respetivamente.

Pawar *et al.* (1986) relataram que a infestação dos rebentos começou 30 dias após o transplante, atingiu o pico na 2nd semana de setembro e chegou a zero na 1st semana de novembro. Os frutos foram infestados a partir da 3rd semana de setembro e a infestação atingiu o pico na 2nd semana de janeiro. Na cultura de verão, os rebentos foram infestados a partir da 3rd semana de janeiro e a infestação atingiu o pico na 2nd semana de fevereiro. A infestação dos frutos atingiu o pico na 1st semana de abril. Os níveis de infestação foram mais baixos durante o inverno do que durante o verão.

Patel *et al.* (1988) mostraram que a brinjal (cv. Doll-5) transplantada em maio foi mais danificada por *L. orbonalis* do que as culturas transplantadas em janeiro, julho, setembro e novembro. Observaram também que, entre os factores ambientais, a baixa variação das temperaturas mínima e máxima, a humidade relativa elevada e a precipitação adequada aumentavam a população desta praga.

Butani e Jotwani (1984) referiram que a broca do rebento e do fruto da brinjal causa danos de 1 a 16% nos rebentos e de 16 a 64% nos frutos no Bangladesh. Ali *et al.* (1980) fizeram uma breve observação sobre a incidência da broca do rebento e do fruto em 12 cultivares de brinjal. Observaram que a cultivar Baromashi não apresentava infestação de rebentos e frutos. A percentagem mais baixa de infestação de frutos (25%) ocorreu em Singnath e a mais alta (86%) em Jhumki.

Alam *et al.* (1964) observaram que os danos causados pela broca do rebento e do fruto da brinjal variam entre 12-16% nos rebentos e 20-63% nos frutos.

Alam e Sana (1962) referiram que a percentagem de infestação dos frutos é superior à dos rebentos. A infestação dos frutos pode mesmo atingir mais de 60% durante a estação das chuvas no Bangladesh.

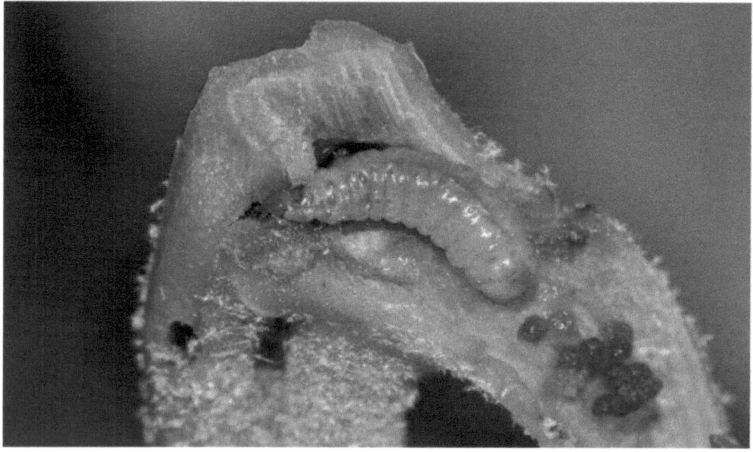

Placa 1. Um rebento de brinjal infestado com larva

Placa 2. Fruto de brinjal infestado com larva

2.1.7 História de vida da broca do fruto e do rebento do brinjal

Adulto

As traças saem dos casulos de pupa durante a noite. Os jovens adultos são geralmente encontrados nas superfícies inferiores das folhas após a emergência. As fêmeas são ligeiramente maiores do que os machos. O abdómen da traça fêmea tende a ser pontiagudo e a enrolar-se para cima, enquanto o abdómen do macho é rombo. A traça é branca, mas apresenta manchas castanhas claras ou pretas no dorso do tórax e no abdómen. As asas são brancas com uma tonalidade rosada ou azulada e estão rodeadas de pequenos pêlos ao longo das margens apical e anal. As asas anteriores são ornamentadas com um certo número de manchas pretas, pálidas e castanhas claras. A traça mede 20 a 22 mm de envergadura nas asas. A longevidade dos adultos é de 1,5 a 2,4 dias para os machos e de 2,0 a 3,9 dias para as fêmeas. Os períodos de pré-oviposição e oviposição foram de 1,2 a 2,1 e de 1,4 a 2,9 dias, respetivamente (Mehto *et al.*, 1983). Mehto *et al.* (1983) referiram que, na Índia, os períodos de ovo, larva e pupa eram de 5,4, 17,5 e 9,8 dias, respetivamente; o tempo de vida dos machos e fêmeas adultos era de 1,5-2,4 e 2,0-3,9 dias, respetivamente. O número de ovos produzidos por fêmea variou entre 84,5 em janeiro e 253,5 em maio.

Larva

As larvas são vulgarmente conhecidas como lagartas. As larvas recém-eclodidas têm cerca de 1,5 mm de comprimento e uma cor branca opaca, enquanto as larvas adultas têm 15 a 18 mm de comprimento, uma cor rosa claro e têm tubérculos proeminentes com pêlos em cada segmento torácico e abdominal. As larvas passam por pelo menos cinco instares (Atwal, 1976) e há relatos da existência de seis instares larvais. O período larvar dura 12 a 15 dias no verão e até 22 dias no inverno (Kumar e Johnsen, 2000). As larvas adultas apresentam um período pré-pupal de 3-4 dias antes da pupação.

Pupa

As larvas adultas saem dos rebentos e frutos infestados para se transformarem em pupas nos caules, folhas secas e rebentos ou detritos na superfície do solo sob as plantas (Alam e Sana, 1962). A pupa é formada dentro de um casulo em forma de barco de seda castanha suja, que é fiado pelas larvas adultas antes da pupação. A cor e a textura do casulo combinam com o ambiente circundante, tornando-o difícil de detetar. Alguns estudos indicam a presença de casulos a profundidades do solo de 1 a 3 cm. O segmento anal da pupa macho é desprovido de cerdas. Enquanto a pupa fêmea tem oito cerdas com pontas incorridas no segmento anal (Alam e Sana, 1962). Os períodos de incubação, larva e pupa são de 3 a 5, 12 a 15 e 7 a 10 dias durante o verão e 7 a 8, 14 a 22 e 13 a 15 dias no inverno, respetivamente (Alam e Sana, 1962; Butani e Jotwani, 1984). O ciclo de vida completa-se em 34 a 60 dias, com cinco a mais gerações por ano (Alam e Sana, 1962; Alam, 1969).

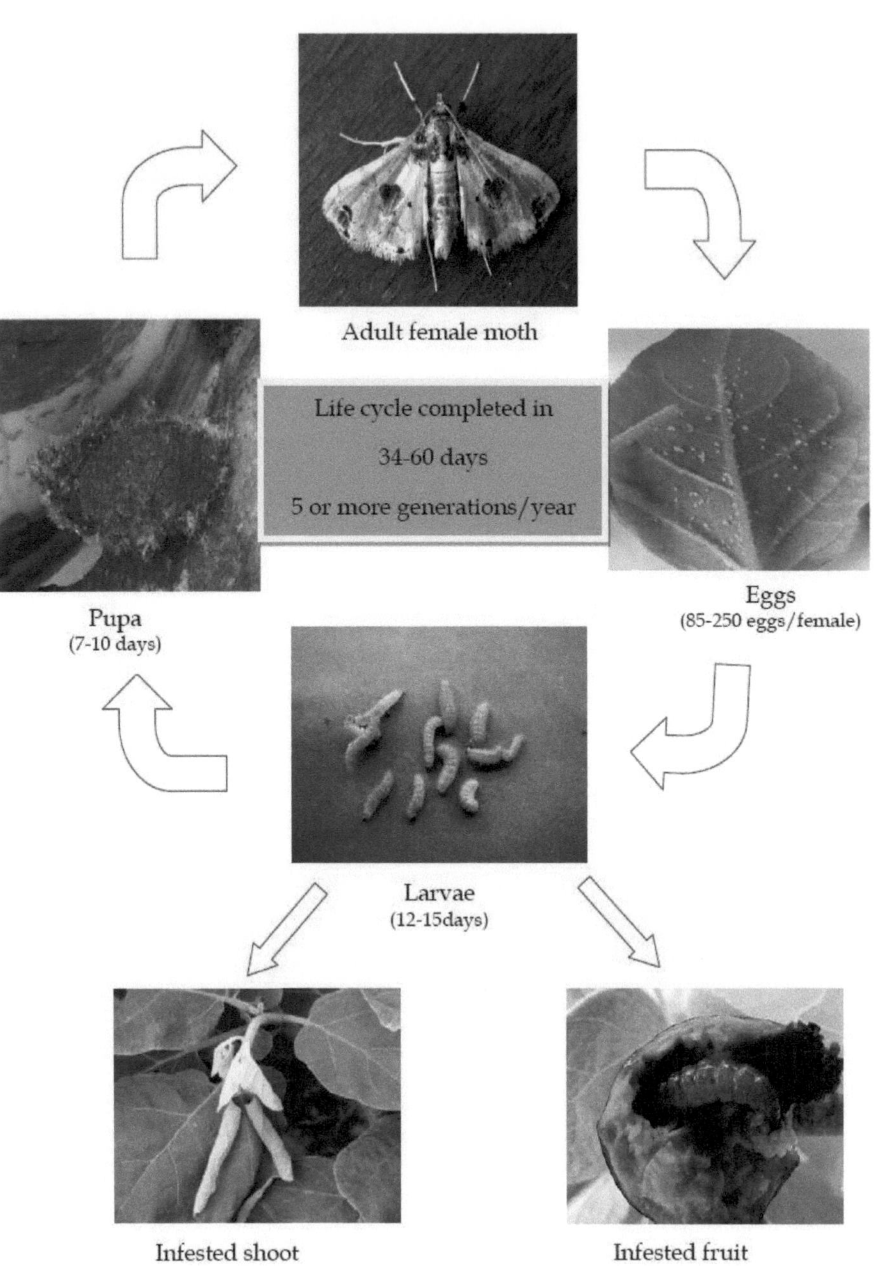

Placa 3. História de vida da broca do rebento e do fruto da brinjal

15

2.2. Efeitos dos biopesticidas microbianos contra as pragas de lepidópteros

Patil *et al.* (1999) relataram que o spinosad 48 SC a 100 g a.i/ha registou uma incidência mínima de 8,50 por cento do bicudo do algodoeiro, o que foi igual à sua dose inferior de 75 g a.i/ha. Estas duas doses foram significativamente superiores às outras dosagens e também aos tratamentos com insecticidas padrão, exceto a cipermetrina 75 g a.i/ha, que registou uma incidência mínima de 6,11% e foi igual à do spinosad 48 SC @ 100 g a.i/ha. A incidência máxima foi registada no controlo não tratado (41,12%).

O espinosade e o benzoato de emamectina permitiram um bom controlo da lagarta-do-cartucho-do-sul (Schuster, 2001) e da lagarta-do-tomateiro (Stansly e Connor, 1998).

Dandule *et al.* (2000) estudaram a eficácia do spinosad 48 SC contra o bicho-do-algodoeiro em comparação com alguns piretróides sintéticos. O spinosad 48 SC a 50 e 75 g a.i/ha foi tão eficaz como os piretróides sintéticos no controlo dos bollworms.

John *et al.* (2000) avaliaram a formulação comercial spinosad 2.5 SC contra pragas da couve em quatro concentrações diferentes (10, 15, 20 e 25 g a.i/ha) com cipermetrina (60 g a.i/ha), quinalfos (250 g a.i/ha) e Bt biobit (32 g a.i/ha). Os resultados indicaram que o spinosad 2.5 SC foi melhor no controlo da broca da cabeça da couve, *Hellula undalis* (Fab.) quando aplicado a 15, 20 e 25 g a.i/ha.

Swamy *et al.* (2000) relataram que o spinosad 45 SC (25,33%) era igualmente promissor para o controlo do verme da cápsula rosa, tal como acontece com o quinalfos (26,35%) e a cipermetrina (27,18%), normalmente utilizados.

Banerjee *et al.* (2000) referiram que o spinosad 48 SC @ 50 e 75 g a.i/ha foi considerado o melhor tratamento e provou ser eficaz na redução dos danos nas cápsulas verdes e nas cápsulas abertas, contribuindo assim para um maior rendimento do algodão em caroço.

Dey e Somchoudhary (2001) relataram que o spinosad 48 SC (Spinosyn A e D) contra três importantes pragas de lepidópteros do repolho *viz.*, traça diamante, *Plutella xylostella* (Lin.); broca da cabeça do repolho, *H. undulis* e lagarta da folha, *Sporoptera littoralis* (Bios.). O espinosade numa dose de 15-25 e 20-25 g a.i/ha revelou-se eficaz contra as três pragas de lepidópteros.

Walunj *et al.* (2001) revelaram a superioridade do spinosad 48 SC @ 15 g a.i/ha contra a traça-das-crucíferas durante um período de uma semana, com melhor rendimento de cabeças comercializáveis. Nenhum dos insecticidas apresentou qualquer efeito fitotóxico na cultura da couve.

Ghosh *et al.* (2001) referiram que o pesticida sintético avermectina (0,01%) foi considerado eficaz contra o complexo de pragas da couve.

Ashok *et al.* (2001) estudaram o efeito de alguns novos insecticidas contra *P. xylostella*. Os resultados mostraram que o novalurão 0,00075 por cento foi o mais eficaz, seguido da abamectina 0,00045 por cento e do diafentiurão 0,12 por cento.

Gowda *et al.* (2003) referiram que o spinosad 45 SC numa dosagem mais elevada (50 g a.i/ha) registou danos nas vagens significativamente mais baixos e maior rendimento de grãos em comparação com o endosulfan @ 700 g a.i/ha em ervilha-de-angola.

Diferentes microbianos *B. thuringiensis* Var. Kurstaki (Btk, dipel 8L), *Sacharopolyspora spinosa* (spinosad 45 SC, traçador) e *B. bassiana* foram testados isoladamente e em combinações contra larvas de terceiro instar de *H. armigera*. Os tratamentos individuais de *S. spinosa* (0,0018 ou 0,003%) e suas combinações (0,006 ou 0,0013%) com Btk (0,02 a 0,08%) resultaram em mortalidades larvais significativamente mais altas de 100% e 64,8 a 110,00%, respetivamente (Sridevi *et al.*, 2004).

Puranik *et al.* (2002) avaliaram diferentes formulações de *B. thuringiensis* (Bt) em comparação com neem e insecticidas químicos contra a broca do rebento e do fruto da brinjal. Entre os diferentes tratamentos, cinco pulverizações de dipel 8L @ 0,2 por cento a 10 dias de intervalo resultaram numa infestação mínima de rebentos (9,56%) bem como de frutos (11,78%) e numa produção máxima de frutos comercializáveis (196,96 q/ha) e provaram ser o tratamento mais eficaz.

Yin (1993) referiu que a pulverização de emulsão Bt contra a broca do rebento e do fruto em brinjal resultou num controlo de 78,8-100% em relação ao controlo não tratado.

Murali *et al.* (2002) relataram que a aplicação de forato no transplante seguida de pulverização foliar de Bt + carbaryl reduziu a infestação de rebentos de 6,71 a 9,30%. A infestação de frutos, em termos de número, foi mínima no tratamento com aplicação de forato no transplante e seguida da aplicação combinada de Bt + endosulfan e Bt + carbaryl, registando 8,71 a 9,83%.

Kanna *et al.* (2005) avaliaram o benzoato de emamectina 5 SG contra a broca do tomateiro, *H. armígera*. A formulação inseticida a 10 g a.i/ha e 8,75 g a.i/ha foi eficaz contra a broca do tomateiro quando comparada com profenofós 50 EC (750 g a.i/ha).

Aparna e Dethe (2005-2006) realizaram uma experiência sobre o estudo da bioeficácia de um inseticida biorracional em brinjal. As experiências de campo foram efectuadas em duas épocas de cultivo, durante a colheita de 2005 e o verão de 2006. O estudo revelou que o espinosade proporcionou um controlo moderado do jassídeo, da mosca branca e do pulgão. No entanto, foi considerado o mais eficaz contra a BSFB. A percentagem mais baixa de infestação de frutos de 13,34 e 13,69 e 7,89 e 8,21 por cento com base no número e no peso na época da colheita e do verão, respetivamente, foi encontrada nas parcelas tratadas com spinosad 72 g a.i/ha. O spinosad a 72 g a.i/ha resultou numa produção notável de frutos saudáveis de brinjal. O aumento acentuado da produção de frutos saudáveis, devido aos danos mais baixos nos frutos, foi registado no tratamento com spinosad 72 gm a.i/ha, onde se registou a produção máxima de 20,41 t/ha de brinjal comercializável.

Udikeri *et al.* (2004) relataram que o benzoato de emamectina 5 SG a 11 g a.i/ha resultou significativamente na menor população de larvas (0,10/planta) do bicudo do algodoeiro e foi encontrado a par com spinosad 48 SC @ 50 g a.i/ha (0,14/planta) e indoxacarb 15 SC 75 g a.i/ha (0,16/planta). O dano devido ao bollworm foi o menor no benzoato de emamectina (4,19%), o que resultou em um número significativamente maior de cápsulas bem abertas e menor número de cápsulas mal abertas, juntamente com o maior rendimento de algodão em caroço (15,93 q/ha).

Bhemanna *et al.* (2005) avaliaram o benzoato de emamectina (proclamar 5% SG), um novo inseticida contra a broca do quiabeiro. O benzoato de emamectina @ 8,50 g a.i/ha registou menores danos causados pela broca do fruto e maior produção de frutos e foi altamente promissor contra o complexo da broca do fruto do quiabeiro.

Vishal e Ujagir (2005) avaliaram a nova molécula spinosad (traçador) 45% SC juntamente com outros insecticidas. Entre os diferentes tratamentos, registou-se um menor número de larvas de *H. armigera*, *Maruca vitrata* (Geyer) e *Melanagromyza obtusa* (Malloch) com spinosad 90 g/ha e spinosad 73 g/ha e também se registaram menores danos nas vagens em comparação com outros tratamentos.

Kumar e Devappa (2006) referiram que o benzoato de emamectina foi testado contra a broca do rebento e do fruto da brinjal em 2002-03 e 2003-04. Os resultados indicaram que a aplicação de proclaim 5 SG (benzoato de emamectina) a 200 g/ha foi eficaz na redução dos corações mortos e também dos danos nos frutos da brinjal. O rendimento total também foi maior neste tratamento.

Murugaraj *et al.* (2006) referiram que o benzoato de emamectina (proclamação 5 SG) @ 11 g a.i/ha foi altamente eficaz na redução da população larvar de *H. armigera*, dos danos nos frutos, bem como no aumento do rendimento do tomate.

Anil e Sharma (2010) estudaram a eficácia do spinosad e do benzoato de emamectina. Constataram que o spinosad e o benzoato de emamectina foram eficazes na supressão da infestação dos frutos pela BSFB.

2.2.2 Efeitos da buprofezina (IGR) contra diferentes pragas das culturas

A buprofezina é um regulador de crescimento de insectos (IGR) que interrompe o desenvolvimento de formas imaturas de insectos através da interferência com a síntese de quitina e é principalmente eficaz contra pragas de homópteros como cigarrinhas, cigarrinhas e moscas brancas do arroz. Ao contrário dos insecticidas químicos tradicionais, a buprofezina reduz a população de pragas, impedindo a muda através da inibição da biossíntese da quitina. A quitina é um dos principais componentes do exoesqueleto dos insectos. Os insectos envenenados com buprofezina são incapazes de sintetizar nova cutícula, o que os impede de passar com êxito à fase seguinte da muda e, em última análise, conduz à morte por fratura da cutícula. Dado que este inseticida tem sido geralmente considerado como tendo uma boa eficácia contra as pragas visadas, sendo inofensivo para os insectos benéficos, tem sido amplamente utilizado em programas de gestão integrada de pragas (IPM) (James, 2004).

A investigação provou que a buprofezina afectava a produção de ovos e a eclosão em vários coccinelídeos (Magagula e Samways, 2000), bem como em hemípteros (Smith, 1995).

Numerosos estudos provaram que a buprofezina tem efeitos significativos sobre a fisiologia da muda e o comportamento alimentar de insectos economicamente prejudiciais (Asai *et al.*, 1985; Gu *et al.*, 1993; Heong, 1988).

Smith (1995) mostrou que a buprofezina causava uma mortalidade larvar significativa e reduzia a produção de ovos no coccinelídeo *Chilocorus circumdatus* Gyllenhal, que se alimenta de escamas.

Valle *et al.* (2002) consideraram-no um inibidor da síntese de quitina contra larvas de lepidópteros porque interfere com a formação de quitina ao bloquear o processo de polimerização das unidades de N-acetil glucose amina (Ishaaya e Horowitz, 1998).

Nasr *et al.* (2010) verificaram que a buprofezina causou uma mortalidade razoável em larvas de *Spodoptera littoralis.*

Das (2013) constatou que a buprofezina não teve efeito direto na mortalidade dos gorgulhos do arroz, independentemente das concentrações. A buprofezina a 300 ppm nos grãos de arroz inibiu significativamente a produção de descendência, enquanto doses mais baixas (200 e 100 ppm) não tiveram efeito significativo, mas reduziram virtualmente o número de descendência.

Ragaei e Sabri (2011) descobriram que a buprofezina era muito eficaz contra as larvas de quarto instar do bicudo do algodoeiro, *Spodoptera littoralis*, e causou uma mortalidade significativa e redução do crescimento das larvas do bicudo.

CAPÍTULO 3

MATERIAIS E MÉTODOS

Os biopesticidas à base de microrganismos e reguladores de crescimento de insectos (IGR) foram avaliados individualmente e em algumas combinações seleccionadas contra a infestação causada pela broca do rebento e do fruto do brinjal, *Leucinodes orbonalis* (Guen.) em condições de campo. Além disso, a eficácia da buprofezina (um inibidor da síntese de quitina) na mortalidade, redução de peso e deformações cuticulares das larvas de *L. orbonalis* foi efectuada em condições de laboratório. Os procedimentos metodológicos utilizados no campo e no laboratório são descritos sucintamente neste capítulo. Os procedimentos metodológicos para as experiências de campo foram os seguintes:

3.1 Local e hora do estudo

As experiências de campo foram conduzidas no laboratório de campo do Departamento de Entomologia da Universidade Agrícola do Bangladesh (BAU), Mymensingh, situada a 24,75 "N de latitude e 90,5 "E de longitude, a uma altitude média de 7,9 a 9,1 m acima do nível do mar, entre janeiro e julho de 2014. A eficácia de diferentes biopesticidas para a gestão da broca do rebento e do fruto da brinjal foi estudada no campo da brinjal. Simultaneamente, foram estudados em laboratório os efeitos da buprofezina na mortalidade, na inibição do crescimento e nas deformações cuticulares das larvas da broca do rebento e do fruto da brinjal. Os pormenores dos materiais e métodos utilizados neste estudo são apresentados a seguir.

3.2 Características do solo

O solo da área da experiência de campo estava sob Old Brahmaputra Alluvial Tract sob a Zona Agro-Ecológica 9 com solo franco-arenoso e textura com boas instalações de irrigação e drenagem. O pH do solo estava dentro da faixa de (6,3 - 7,6) com um conteúdo de matéria orgânica de 0,8 a 1,6% (Anon, 1978).

3.3 Clima

As experiências de campo foram conduzidas em clima subtropical, caracterizado por temperaturas elevadas, humidade elevada e precipitação intensa com rajadas de vento ocasionais na estação da colheita (abril-setembro) e precipitação escassa associada a temperaturas moderadamente baixas durante a estação da rabi (outubro-março).

3.4 Material de plantação

A variedade de Brinjal, Amjhuri, que é uma cultivar local, foi selecionada para a experiência.

3.5 Conceção e disposição das experiências

As experiências de campo consistiram em nove tratamentos. Todos os tratamentos foram dispostos num esquema de blocos completos aleatórios (RCBD). Cada um dos tratamentos foi repetido três vezes. O campo experimental tinha cerca de 23 m de comprimento e 9 m de largura e foi dividido em 3 blocos iguais. Cada um dos blocos tinha 9 parcelas iguais e, finalmente, foi criado um total de 27 parcelas na área especificada para a realização das experiências. O tamanho de uma parcela unitária era de 2 m X 2 m. Duas parcelas unitárias adjacentes e blocos foram separados por 60 cm e 80 cm, respetivamente. As parcelas foram distribuídas ao acaso e foram separadas de forma a que o impacto de cada tratamento pudesse ser quantificado.

3.6 Cultivo de plantas

3.6.1 Preparação do terreno para a transplantação

O terreno experimental foi inicialmente aberto com uma charrua de campo. A terra foi então gradualmente arada e lavrada várias vezes com um motocultivador para obter uma camada final desejável, seguida de escada e espátula. Os restolhos das culturas e as ervas daninhas arrancadas foram removidos do campo e a terra foi devidamente nivelada. Finalmente, as parcelas unitárias foram preparadas como canteiros elevados de 10 cm, juntamente com a adição de doses basais de adubos e fertilizantes.

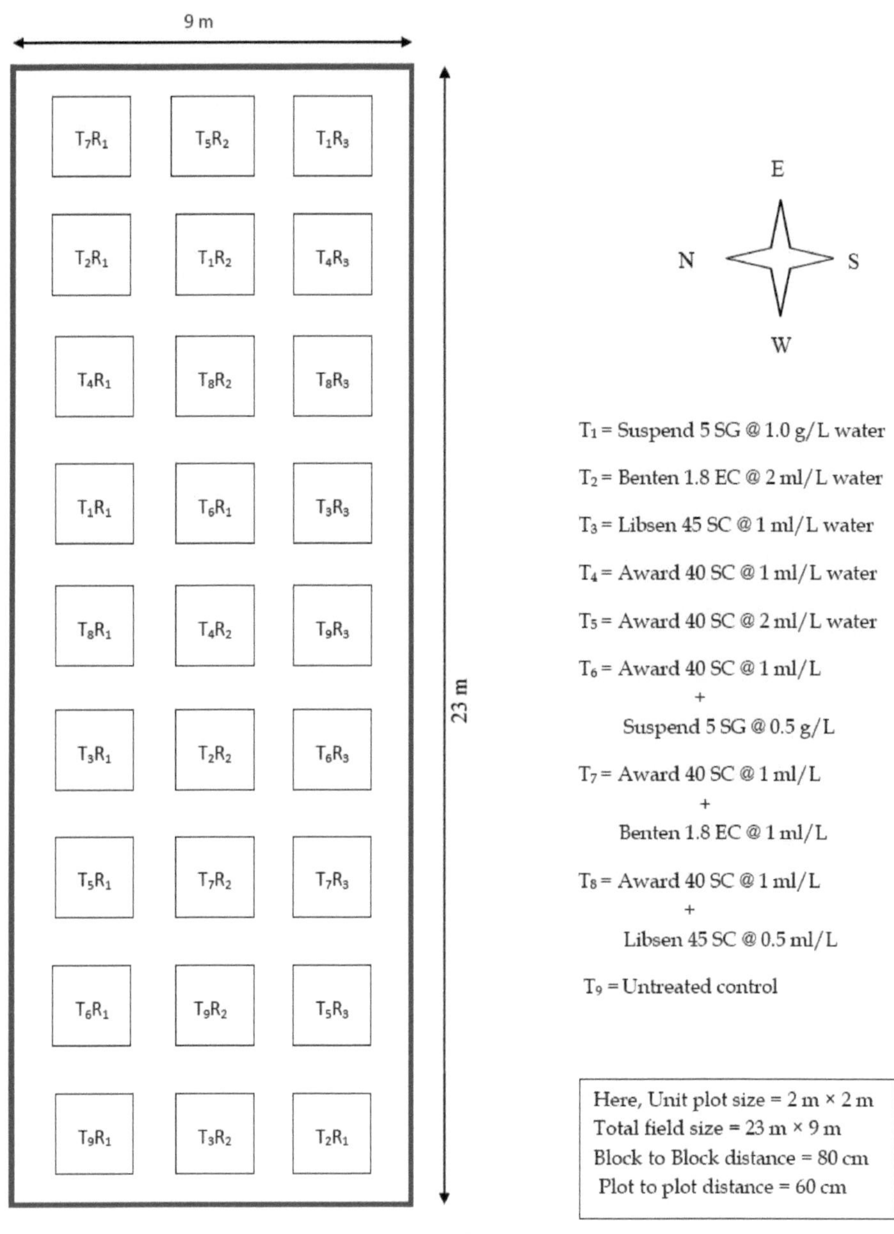

Figura 1. Distribuição dos tratamentos nas parcelas experimentais

3.6.2 Aplicação de estrume e fertilizantes

O estrume de vaca e outros fertilizantes químicos foram aplicados conforme recomendado por

Rashid (1993) para a beringela à taxa de 15000 kg de estrume de vaca e 250, 150, 125 kg de ureia, TSP e MP, respetivamente, por hectare. As doses completas de estrume de vaca, TSP e metade de MP foram aplicadas como dose basal durante a preparação do terreno. A dose completa de ureia e o restante de MP foram aplicados como cobertura. A primeira adubação de cobertura com um terço de uréia foi feita aos 20 dias após o transplante, seguida pela segunda adubação de cobertura com um terço de uréia e um quarto de MP no momento da iniciação da flor, seguida pela última adubação de cobertura com o restante de uréia e MP no momento da iniciação do fruto.

3.6.3 Recolha e transplante de plântulas

As plântulas de brinjal saudáveis e sem doenças foram colhidas no viveiro local. As plântulas recolhidas foram transplantadas para as parcelas experimentais à razão de 4 plântulas / parcela.

3.6.4 Espaçamento entre plantas

O espaçamento entre plantas foi seguido: 80 cm X 60 cm.

3.6.5 Acções culturais

Foi aplicada uma irrigação ligeira logo após a transplantação das plântulas. Para evitar a estagnação da água, foi efectuada uma irrigação adequada. A monda e a cobertura morta foram feitas como recomendado por Rashid (1993). As plântulas danificadas foram substituídas por novas plântulas do stock. A irrigação suplementar foi aplicada com um intervalo de 2-3 dias. A monda foi feita quando necessário. Os fertilizantes MP e ureia foram aplicados em cobertura em 3 parcelas, como descrito anteriormente.

Placa 4. Campo experimental com plantas de brinjal no estádio de plântula

Placa 5. Plantas de Brinjal no campo durante a aplicação do tratamento

3.7 Identidade dos insecticidas

No presente estudo, foram avaliados quatro insecticidas de diferentes grupos contra a infestação causada pela broca do rebento e do fruto da brinjal. O nome comercial, a denominação química, a fórmula, as propriedades e o modo de ação dos insecticidas são apresentados resumidamente a seguir:

[a] **Nome comercial**: Suspend 5 SG

Denominação química: Benzoato de emamectina

Fórmula empírica: $C_{49}H_{75}NO_{13}$. $C_7H_6O_2$ (B_{1a}), $C_{48}H_{73}NO_{13}$. $C_7H_6O_2$ (B_{1b})

Figura 2. Fórmula estrutural do benzoato de emamectina

Propriedades: A emamectina é o derivado 4"-deoxi-4"-metilamino da abamectina, uma lactona macrocíclica de 16 membros produzida pela fermentação do actinomiceto do solo *Streptomyces avermitilis*. A emamectina difere das avermectinas B1a e B1b pela presença de um grupo hidroxilo no grupo 4"- epimetilamino em vez de na posição 4"-. É geralmente preparada na forma de sal com ácido benzoico, o benzoato de emamectina, que é um pó branco ou ligeiramente amarelo.

Modo de ação: O benzoato de emamectina é basicamente um ativador dos canais de cloreto que causa a prevenção da contração muscular, a cessação da alimentação e, finalmente, a morte. Trata-se de um inseticida sistémico local e não verdadeiramente sistémico, ou seja, possui fortes propriedades de movimento translaminar. Tem uma ação de contacto e estomacal muito boa.

[b] Denominação comercial: Benten 1.8 EC

Denominação química: Abamectina

Fórmula empírica: $C_{48}H_{72}O_{14}$ (B1a); $C_{47}H_{70}O_{14}$ (B1b)

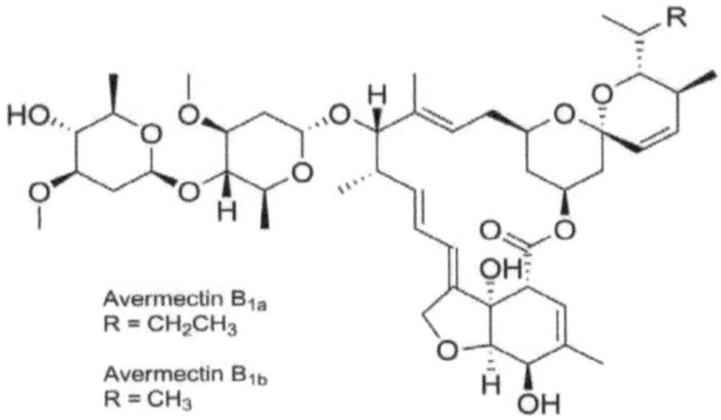

Figura 3. Fórmula estrutural da abamectina

Propriedades: A abamectina é uma mistura de avermectinas que contém mais de 80% de avermectina B1a e menos de 20% de avermectina B1b. É isolada de um conjunto de oito moléculas produzidas pela bactéria original do solo *Streptomyces avermitilis*. Trata-se de um pó cristalino amarelo claro, inodoro. Ponto de fusão: 169,4-161,8 °C.

Modo de ação: A abamectina actua como inseticida e acaricida, com acções de contacto ou estomacais, por vezes com atividade sistémica local. O alvo da abamectina é o recetor do ácido gama-aminobutírico (GABA) no sistema nervoso periférico. O composto estimula a libertação de GABA das terminações nervosas e aumenta a ligação do GABA aos sítios receptores na membrana pós-sináptica. Esta maior ligação do GABA resulta num aumento do fluxo de iões cloreto para a célula, com a consequente hiperpolarização e eliminação da transdução de sinal, resultando numa inibição da neurotransmissão.

[c] Nome comercial: Libsen 45 SC

Denominação química: Spinosade [spinosina A (60-70%) + spinosina D (30-40%)]

Fórmula empírica: $C_{41}H_{65}NO_{10}$ (spinosyn A); $C_{42}H_{67}NO_{10}$ (spinosyn D)

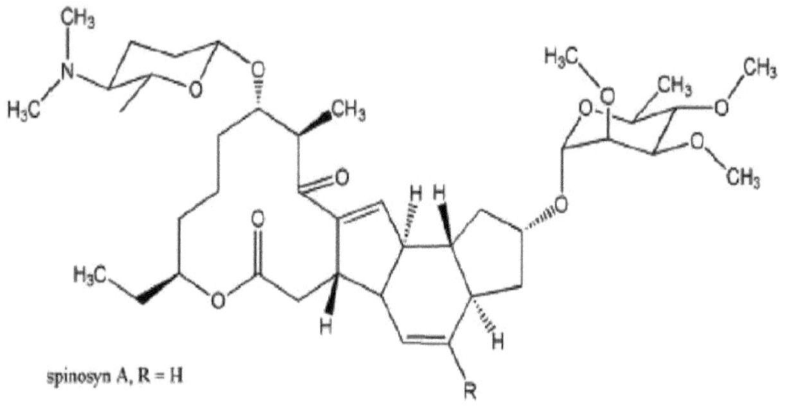

spinosyn A, R = H

spinosyn D, R = CH₃

Figura 4. Fórmula estrutural do espinosade

Propriedades: O espinosade é um produto de fermentação da bactéria do solo _Saccharopolyspora spinosa_. _O espinosade_ é uma mistura de compostos químicos da família dos espinosinas que tem uma estrutura generalizada constituída por um sistema de anéis tetracíclicos único ligado a um açúcar aminado (D-forosamina) e a um açúcar neutro (_tri-O-metil-L-ramnose_). O espinosade é relativamente apolar e não se dissolve facilmente na água.

Modo de ação: O modo de ação do espinosade é através de um mecanismo neural. Tem uma ação de contacto e uma ação estomacal, juntamente com propriedades de movimento translaminar. Este composto tem dois modos de ação únicos: liga-se principalmente aos receptores nicotínicos da acetilcolina e, secundariamente, aos receptores GABA, o que leva à perturbação da neurotransmissão da acetilcolina. O espinosade mata os insectos através da hiperexcitação do sistema nervoso dos insectos.

[d] Nome comercial: Award 40 SC
Denominação química: Buprofezina
Fórmula empírica: $C_{16}H_{23}N_3OS$

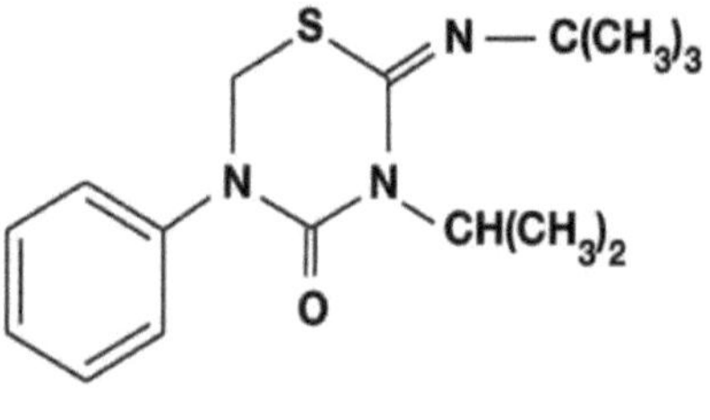

Figura 5. Fórmula estrutural da buprofezina

Propriedades: A buprofezina é um regulador de crescimento de insectos tiadiazina, especialmente um inibidor da síntese de quitina que inibe a muda. É um cristal branco e o seu ponto de fusão é 104,5 - 105,5°C. É solúvel em clorofórmio, benzeno, acetona, etanol, etc. e estável em meios ácidos e alcalinos.

Modo de ação: A buprofezina é um composto do tipo tiadiazina que actua como inibidor da síntese da quitina. Tem atividade tanto na fase de contacto como na fase de vapor. Inibe a incorporação de 3H-glucosamina na quitina. Como resultado da deficiência de quitina, a procutícula do inseto perde a sua elasticidade e o inseto é incapaz de completar o processo de muda. Por fim, a cutícula velha rompe-se e os insectos morrem. Além disso, reduz as populações de pragas através da redução da fecundidade, da viabilidade dos ovos, da eclodibilidade, do aumento da esterilidade dos ovos e da formação de larvas e pupas anormais, ao afetar as funções hormonais.

Quadro 1. Especificação dos tratamentos

Tratamentos	Ingredientes activos q	Grupo/ Família	Titulares de registo
T1 Suspender 5 SG @ 1,0 g/L água	Emamectina Benzoato	Avermectina	Haychem (Bangladesh) Ltd.
T2 Benten 1.8 EC @ 2 ml/L água	Abamectina	Avermectina	Ásia Comércio Internacional
T3 Libsen 45 SC a 1 ml/L de água	Espinosade	Espinosina	Ásia Comércio Internacional
T4 Award 40 SC a 1 ml/L de água	Buprofezina	Regulador de crescimento de insectos	Square Pharmaceuticals Ltd.
T5 Award 40 SC a 2 ml/L de água	Buprofezina	Regulador de crescimento de insectos	Square Pharmaceuticals Ltd.
T6 Award 40 SC a 1 ml/L de água + Suspender 5 SG a 0,5 g/L de água	Buprofezina + Emamectina Benzoato	Regulador de crescimento de insectos + Avermectina	Square Pharmaceuticals Ltd. + Haychem (Bangladesh)

			Ltd.
T7 Award 40 SC a 1 ml/L de água + Benten 1.8 EC a 1 ml/L de água	Buprofezina + Abamectina	Regulador de crescimento de insectos + Avermectina	Square Pharmaceuticals Ltd. + Ásia Comércio Internacional
T8 Award 40 SC a 1 ml/L de água + Libsen 45 SC a 0,5 ml/L de água	Buprofezina + Espinosade	Regulador de crescimento dos insectos + Spinosyn	Square Pharmaceuticals Ltd. + Ásia Comércio Internacional
T9 Controlo não tratado	-	-	-

3.8 Calendário de tratamentos por pulverização

Os tratamentos foram aplicados no campo de brinjal de acordo com as especificações dos tratamentos. Foi efectuado um total de quatro pulverizações com um intervalo de 2 semanas. A pulverização foi efectuada entre as 9.00 e as 11.00 da manhã para evitar o brilho do sol e a deriva causada pelo vento forte.

3.9 Recolha de dados

3.9.1 Calendário de recolha de dados

No caso da infestação de rebentos e frutos, os dados foram recolhidos aos 7 e 14 dias após cada pulverização. Também foram recolhidos dados de pré-tratamento antes da primeira pulverização. Para obter a produção de frutos comercializáveis e infestados, os frutos foram colhidos aos 14 dias após a aplicação do tratamento e foi efectuado um total de quatro colheitas.

3.9.2 Parâmetros e procedimentos de recolha de dados

3.9.2.1 Estimativa da % de infestação de rebentos

A contagem de rebentos totais e infestados foi iniciada logo no início da infestação de rebentos de brinjal e foram recolhidos dados antes do tratamento. Após a aplicação do tratamento, os dados foram recolhidos aos 7 e 14 DAS (dias após a pulverização). O número de rebentos totais e infestados foi contado em cada planta/parcela. Em seguida, o número de rebentos totais e infestados foi calculado para cada parcela (4 plantas/parcela) e a percentagem de rebentos infestados foi calculada utilizando a seguinte fórmula:

$$\% \text{ de rebentos infestados} = Po/Pr \times 100$$

Onde

Pr = Número total de rebentos por parcela

Po = Número de rebentos infestados por parcela

Finalmente, a percentagem média de infestação de rebentos foi calculada para cada um dos tratamentos das três parcelas replicadas.

Além disso, a percentagem de proteção da infestação de rebentos em relação ao controlo foi calculada para cada um dos tratamentos da seguinte forma

$$\% \text{ de proteção dos rebentos em relação ao controlo} = (Po-Pr)/Po \times 100$$

Onde,

Po=Porcentagem média de infestação de rebentos nas parcelas de controlo

Pr = Percentagem média de infestação de rebentos nas parcelas tratadas

3.9.2.2 Estimativa da % de infestação dos frutos

A percentagem média de infestação dos frutos foi calculada após cada colheita de frutos de brinjal. Os frutos foram colhidos após 14 dias de cada pulverização e, em seguida, os frutos infestados foram separados do total de frutos. Depois disso, os frutos totais e infestados foram contados cuidadosamente por parcela e os danos foram calculados utilizando a seguinte fórmula:

$$\% \text{ de frutos infestados} = Po/Pr \times 100$$

Onde,

Po = Número total de frutos infestados por parcela

Pr = Número total de frutos por parcela

Finalmente, as percentagens médias de infestação de frutos para cada tratamento foram calculadas a partir das três parcelas replicadas. Em seguida, a percentagem de proteção da infestação de frutos em relação ao controlo para cada um dos tratamentos foi calculada da seguinte forma

$$\% \text{ de proteção dos frutos em relação ao controlo} = (Po-Pr)/Po \times 100$$

Onde,

Po=Porcentagem média de infestação de frutos nas parcelas de controlo

Pr =Porcentagem média de infestação de frutos nas parcelas tratadas

3.9.2.3 Estimativa do rendimento (t/ha) de frutos comercializáveis

Os frutos comercializáveis foram definidos como a ausência de orifícios ou mesmo deformações nos frutos. Os frutos de Brinjal foram colhidos após 14 dias de pulverização e, em seguida, os frutos comercializáveis foram cuidadosamente separados do total de frutos. Depois disso, o peso dos frutos comercializáveis foi retirado das três parcelas replicadas relativamente aos tratamentos e o rendimento foi convertido em toneladas/hectare. Finalmente, o rendimento total comercializável foi retirado das quatro colheitas. Finalmente, o aumento percentual da produção de frutos comercializáveis em relação ao controlo foi calculado para cada um dos tratamentos da seguinte forma

% de aumento do rendimento de frutos comercializáveis em relação ao controlo = $(Pr-Po)/Po \times 100$

Onde,

Po = Quantidade total de frutos comercializáveis (t/ha) nas parcelas de controlo

Pr = Quantidade total de frutos comercializáveis (t/ha) nas parcelas tratadas

3.9.2.4 Estimativa do rendimento (t/ha) dos frutos infestados

Se um fruto fosse encontrado com um orifício ou deformação, era considerado como um fruto infestado. Os frutos infestados foram cuidadosamente separados dos frutos saudáveis. Depois disso, o peso dos frutos infestados foi retirado das três parcelas replicadas relativamente aos tratamentos e o rendimento foi convertido em tonelada/hectare. Finalmente, o rendimento total infestado foi obtido a partir das quatro colheitas.

3.10 Análise estatística dos dados

Os dados registados foram compilados e tabulados para análise estatística. A análise de variância foi efectuada com a ajuda do pacote informático MSTAT. As diferenças médias entre os tratamentos foram avaliadas com o teste de Duncan (DMRT) e a diferença mínima significativa (LSD), quando necessário.

3.11 Métodos experimentais para estudo em laboratório

A eficácia de diferentes doses de buprofezina foi avaliada na mortalidade, na redução do peso e nas deformações cuticulares das larvas da broca do rebento e do fruto do brinjal, *L. orbonalis* (Guen.), no laboratório do Departamento de Entomologia da Universidade Agrícola do Bangladesh. O estudo foi realizado no período de julho a setembro de 2014. Os procedimentos experimentais para o estudo laboratorial são descritos a seguir:

3.11.1 Criação em massa de *L. orbonalis*

A criação em massa da broca do rebento e do fruto da brinjal foi efectuada em condições laboratoriais para satisfazer os requisitos experimentais. Os frutos de brinjal infestados foram colhidos no campo e, em seguida, as larvas foram cuidadosamente recolhidas, dissecando-as. Em seguida, as larvas foram transferidas para caixas de plástico de acordo com as fases larvares e imediatamente alimentadas com tubérculos de batata cortados (hospedeiro alternativo). Quando as larvas se transformaram em 5th instares, saíram dos tubérculos através de um orifício e caracterizaram-se normalmente pelo seu grande tamanho e cor avermelhada brilhante. Depois disso, as larvas de 5th instares foram alimentadas com folhas secas de brinjal para pupação. Em seguida, as pupas foram cuidadosamente separadas e mantidas em caixas de plástico, cobertas com uma rede mosquiteira para evitar a fuga dos adultos.

Em seguida, os adultos machos e fêmeas (aproximadamente 10 pares) foram transferidos para uma câmara de oviposição feita artificialmente para acasalamento e postura de ovos. A superfície interna da câmara de oviposição foi forrada com papel verde e rede mosquiteira para melhorar a postura dos ovos. Antes de transferir os adultos para a câmara de oviposição, foi mantida uma plântula de brinjal no interior da câmara para melhorar a postura dos ovos pelas traças. A dextrose a 5% também foi fornecida dentro da câmara como alimento para as traças. Após o acasalamento, os ovos foram depositados principalmente na superfície ventral das folhas de brinjal e alguns foram depositados em papel verde e redes mosquiteiras. As folhas, os papéis e as redes que continham os ovos foram cuidadosamente separados e depois guardados em tinas. Os ovos eclodiram dentro de 2-3 dias após a oviposição e as larvas neonatas foram imediatamente colocadas em tubérculos de batata cortados com um pincel fino. Desta forma, foram criadas 2-3 gerações para obter larvas suficientes. Foram utilizadas larvas de 2nd instares para todas as experiências.

[1] Infested brinjals

[2] Adults emerged from pupae

[3] Raised brinjal seedling

[4] Mating and egg laying chamber

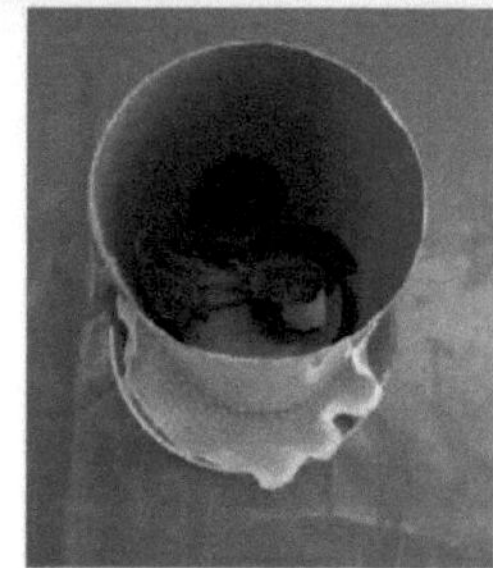

[5] Brinjal seedling kept inside the chamber

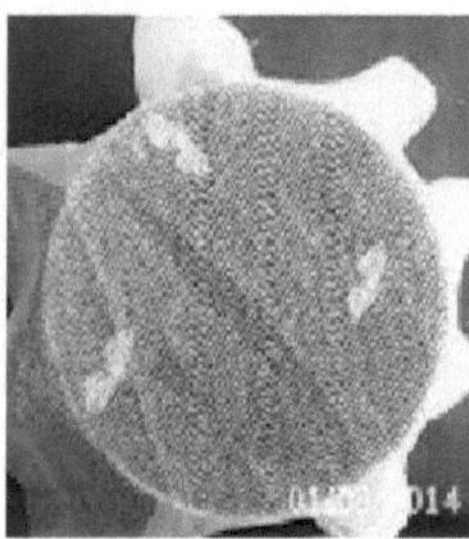

[6] Adults released inside the chamber

[7] A prepared chamber containing brinjal seedling and moths

[8] Female moths are on the ventral surface of the leaf

[9] Eggs are laid on the ventral surface of brinjal leaf, green paper as well as on the mosquito net

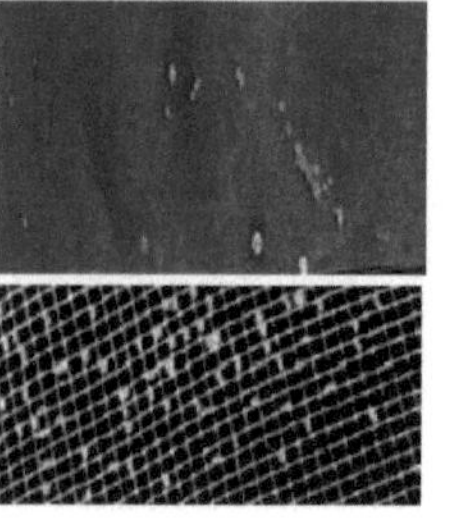

[10] Neonate larvae of *L. orbonalis*

Placa 6. Passos seguidos para a criação em massa de *Leucinodes orbonalis*

3.11.2 Especificações dos tratamentos

As experiências laboratoriais consistiram em três combinações de tratamentos. Foram administradas três doses de buprofezina (Award 40 SC, Square Pharmaceuticals Ltd.), ou seja, 200, 400 e 800 ppm. Cada tratamento foi repetido três vezes e foram utilizadas dez larvas da broca do rebento e do fruto do brinjal em cada repetição. Simultaneamente, as larvas tratadas com água foram colocadas em tubérculos de batata embebidos em fungicida (dithane M-45) como tratamento de controlo e repetidas três vezes com diferentes métodos de aplicação.

3.11.3 Tratamentos métodos de aplicação

Todos os tratamentos foram aplicados através de três métodos diferentes.

3.11.3.1 Aplicação tópica: Neste método, as larvas foram tratadas diretamente (utilizando uma micropipeta) com diferentes concentrações de buprofezina, enquanto os tubérculos de batata foram embebidos em dithane M-45 a 0,2% para proteger da infeção fúngica e secos em tecidos. As larvas tratadas foram então transferidas para as fatias de batata embebidas em dithane M-45 e, finalmente, colocadas num recipiente de plástico com um papel de filtro húmido para evitar a dessecação.

3.11.3.2 Método de imersão em batata: Neste método, os tubérculos de batata cortados foram primeiro embebidos numa solução de dithane M-45 a 0,2% e depois secos em tecidos. Em seguida, os tubérculos de batata foram tratados com diferentes concentrações de buprofezina e novamente secos sobre os tecidos. Em seguida, as larvas não tratadas foram transferidas para as fatias de batata tratadas com buprofezina e, finalmente, colocadas num recipiente de plástico com um papel de filtro húmido para evitar a dessecação.

3.11.3.3 Método combinado (tópico + imersão em batata): Neste método, as larvas tratadas com buprofezina foram transferidas para rodelas de batata tratadas com buprofezina e colocadas num recipiente de plástico com um papel de filtro húmido para evitar a dessecação. As rodelas de batata foram previamente embebidas em dithane M-45 a 0,2% para proteger os tubérculos da infeção fúngica.

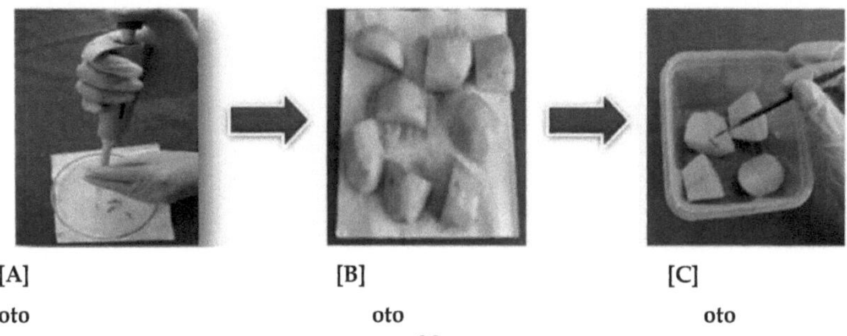

[A] oto

[B] oto

[C] oto

Placa 7. Fotografias representativas (A-C) mostrando passos consecutivos para o método de aplicação tópica. [A] Larvas de 2nd instares foram tratadas com diferentes concentrações de buprofezina, [B] Fatias de batata não tratadas, [C] Larvas tratadas foram libertadas nas fatias de batata não tratadas.

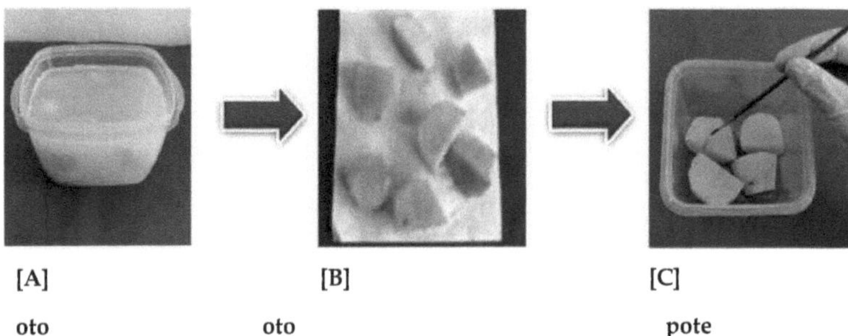

Placa 8. Fotografias representativas (A-C) mostrando as etapas consecutivas do método de imersão em batata. [A] As rodelas de batata foram mergulhadas em solução de buprofezina durante aproximadamente 30 segundos, [B] As rodelas tratadas foram secas em tecidos, [C] As larvas não tratadas foram libertadas em rodelas de batata tratadas.

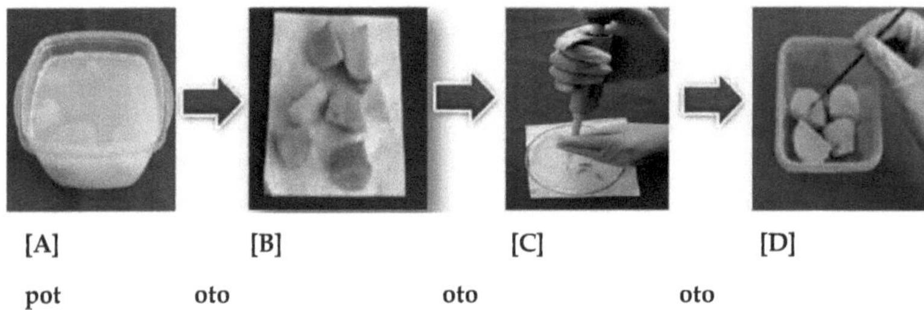

Placa 9. Fotografias representativas (A-D) que mostram as etapas sucessivas do método de combinação. [A] As rodelas de batata foram mergulhadas em solução de buprofezina durante cerca de 30 segundos, [B] As rodelas tratadas foram secas em tecidos, [C] As larvas foram tratadas com buprofezina, [D] As larvas tratadas foram libertadas nas rodelas de batata tratadas.

3.12 Recolha de dados

Os dados sobre a mortalidade foram observados às 3 HAT (horas após o tratamento), 3 e 7 DAT (dias após o tratamento). O peso das larvas foi medido aos 3 e 7 DAT. A deformação cuticular foi observada aos 7 DAT. Com base no período experimental, as fatias de batata foram dissecadas com muito cuidado e os dados foram registados. As larvas mortas foram separadas e as larvas vivas receberam fatias de batata frescas/tratadas com base no método de aplicação do tratamento.

A percentagem de mortalidade larvar e de redução de peso foi calculada utilizando as seguintes fórmulas

$$\% \text{ de mortalidade} = Po/Pr \times 100$$

Onde,

Po = Número de larvas mortas

Pr = Número de larvas tratadas ou não tratadas fornecidas

$$\text{\% de redução de peso} = (Po-Pr)/Po \times 100$$

Onde,

Po = Peso médio de uma única larva no tratamento de controlo

Pr = Peso médio de uma única larva num tratamento específico

3.13 Análise estatística

Os dados registados foram compilados e tabulados para análise estatística. A análise de variância (ANOVA) foi efectuada com a ajuda do pacote informático MSTAT. As diferenças médias entre os tratamentos foram avaliadas com o teste de Duncan de intervalo múltiplo (DMRT) e a diferença mínima significativa (LSD).

CAPÍTULO 4

RESULTADOS E DISCUSSÃO

Foi realizada uma série de experiências de campo para avaliar a eficácia relativa de biopesticidas microbianos e à base de IGR contra a infestação da broca do rebento e do fruto do brinjal (BSFB) *(Leucinodes orbonalis* Guen.). Os tratamentos foram aplicados individualmente ou em algumas combinações seleccionadas e os seus efeitos foram avaliados em diferentes parâmetros, nomeadamente percentagem de infestação de rebentos, percentagem de infestação de frutos, produção de frutos infestados (t/ha), produção de frutos comercializáveis (t/ha), etc. Simultaneamente, o efeito da buprofezina (um inibidor da síntese de quitina) foi observado na mortalidade, na redução do peso e nas deformações cuticulares das larvas de BSFB em condições laboratoriais. O resultado destas experiências foi apresentado e discutido em termos experimentais nos seguintes subtítulos.

4.1 Eficácia de biopesticidas seleccionados na percentagem de infestação de rebentos

A percentagem de infestação de rebentos foi significativamente reduzida (P<0,01) quando as plantas de brinjal foram tratadas com biopesticidas microbianos e à base de IGR (Quadro 2). Observou-se que cada um dos tratamentos foi significativamente eficaz contra a infestação causada pela broca do rebento e do fruto da brinjal. A percentagem mais elevada de infestação de rebentos foi observada no caso do controlo não tratado, que variou entre 11,49% e 49,04%, sendo a média cumulativa de infestação de 29,06% (Quadro 2). A infestação de rebentos causada por *L. orbonalis* nas parcelas de controlo aumentou muito rapidamente com o aumento do tempo, enquanto todos os outros tratamentos reduziram significativamente a taxa de infestação de rebentos ao longo do tempo, em comparação com o controlo.

Neste estudo, três biopesticidas fermentados por bactérias, nomeadamente benzoato de emamectina, abamectina e spinosad, foram avaliados contra a infestação de rebentos causada pela BSFB (Quadro 2). Os dados mostraram claramente que todos os biopesticidas microbianos tiveram um efeito significativo (P<0,01) na redução da percentagem de infestação de rebentos em comparação com o controlo, enquanto as diferenças foram insignificantes entre si. A percentagem mais baixa de infestação de rebentos foi observada nas parcelas tratadas com benzoato de emamectina (8,59%), seguindo-se a abamectina (9,01%) e o spinosad (10,10%), respetivamente. Além disso, 70,44, 69,00 e 65,24% dos rebentos foram protegidos da infestação larvar quando as plantas de brinjal foram tratadas com benzoato de emamectina, abamectina e spinosad, respetivamente (Fig. 6). Os resultados indicaram claramente que o benzoato de emamectina, a abamectina e o spinosade foram eficazes na redução da percentagem de infestação de rebentos. Outros investigadores obtiveram resultados semelhantes no caso de outras pragas de lepidópteros. Udikeri *et al.* (2004) referiram que o benzoato de emamectina 5 SG a 11 g a.i/ha resultou numa população larvar significativamente mais baixa (0,10/planta) do bicho-do-algodoeiro. Os danos causados pela infestação do bicudo foram os menores nas plantas tratadas com benzoato de emamectina (4,19%).

Neste estudo, o efeito da buprofezina (1 e 2 ml/L) foi avaliado na redução da infestação de rebentos e ambas as doses foram consideradas eficazes (Quadro 2). No caso da buprofezina (1 ml/L), a percentagem de infestação de rebentos foi de 24,04% e protegeu 17,27% dos rebentos da infestação de larvas, em comparação com o controlo. Quando o mesmo biopesticida foi aplicado numa dose mais elevada (2 ml/L), a percentagem de infestação de rebentos foi de 24,04% e proporcionou uma proteção de 45,18% dos rebentos em relação à testemunha, sendo também significativamente diferente da dose mais baixa.

Uma dose mais baixa de buprofezina (1 ml/L) foi aplicada em combinação com benzoato de emamectina, abamectina e spinosade e os seus efeitos combinados na redução da infestação de rebentos também foram avaliados (Quadro 2). Observou-se que a percentagem média de infestação de rebentos nas parcelas tratadas com buprofezina + benzoato de emamectina, buprofezina + abamectina e buprofezina + spinosade foi de 8,50, 9,02 e 9,09 por cento, respetivamente. Curiosamente, a percentagem de infestação de rebentos não foi reduzida de forma notável quando o benzoato de emamectina, a abamectina e o spinosade foram aplicados em combinação com buprofezina (1 ml/L) (Quadro 2). Mais claramente, 70,44, 69,00 e 65,24% dos rebentos foram protegidos da infestação larvar quando o benzoato de emamectina, a abamectina e o spinosad foram pulverizados individualmente, enquanto 70,75, 68,96 e 68,72% dos rebentos foram protegidos nas parcelas tratadas com buprofezina + benzoato de emamectina, buprofezina + abamectina e buprofezina + spinosad, respetivamente (Fig. 6). Os resultados indicam que a ação combinada foi ligeiramente aditiva ou antagónica.

Por conseguinte, os resultados da percentagem de infestação de rebentos revelaram claramente que os três biopesticidas microbianos foram moderadamente eficazes contra a BSFB na redução da infestação de rebentos e que a infestação foi reduzida numa percentagem ligeiramente superior quando estes biopesticidas foram aplicados em combinação com buprofezina (1 ml/L). A buprofezina 1ml/L foi considerada menos eficaz, enquanto a concentração mais elevada (2 ml/L) foi ligeiramente mais eficaz na redução da infestação de rebentos e foi considerada significativa em relação à dose mais baixa 1ml/L.

Estes resultados podem ser associados a Kumar e Devappa (2006), que referiram que, quando o proclaim 5 SG (benzoato de emamectina) foi testado contra a broca do rebento e do fruto da brinjal durante 2002-2003 e 2003-2004, foi considerado o mais eficaz entre os tratamentos. Os resultados da sua experiência indicaram que a aplicação de proclaim 5 SG @ 200 g/ha foi considerada a mais eficaz na redução dos corações mortos e também dos danos nos frutos da brinjal. O rendimento total também foi maior neste tratamento.

Tabela 2. Percentagem média de infestação de rebentos causada por *L. orbonalis* em diferentes pulverizações contra diferentes tratamentos

| Tratamentos | Doses | Rebentos pré-tratados (%) | Percentagem média de infestação de rebentos causada por *L. orbonalis* em diferentes pulverizações | | | | | | | | Média acumulada |
| | | | Primeira pulverização | | Segunda pulverização | | Terceira pulverização | | Quarta pulverização | | |
			7 DAS	14 DAS	7 DAS	14 DAS	7 DAS	14 DAS	7 DAS	14 DAS	
Suspender 5 SG (benzoato de emamectina)	lg/L água	6.05	6.15cde	7.19d	7.15d	8.25e	8.95de	9.44de	10.07e	11.53d	8.59d
Benten 1.8 CE (Abamectina)	2 ml/L de água	6.50	6,59cd	6.91d	7.07d	7.97e	8.88de	9.24e	11.93e	13.47e	9.01d
Libsen 45 SC (Espinosade)	2 ml/L de água	5.30	5.24e	7.52d	7.92d	9.36d	10.13d	12.31d	13.21d	15.14d	10.10d
Prémio 40 SC (Buprofezina)	1 ml/L de água	5.90	9.13b	12.57b	13.57b	18.40b	21.55b	30.11b	40.48b	46.52b	24.04b
Prémio 40 SC (Buprofezina)	2 ml/L de água	6.61	7.44c	9.10c	11.58c	14.43c	16.61c	19.30c	21.56c	27.41c	15.93c
Atribuir + Suspender	1 ml Prémio + 0,5 g Suspender /L água	6.00	6.09de	7.09d	7.57d	8.22e	9.08de	9.41de	10.26e	10.29d	8.50d
Prémio + Benten	1 ml Prémio + 1 ml Água de Benten/L	5.91	6.14cde	7.39d	7.40d	8.22e	8.05e	10.60de	11.51de	12.86d	9.02d
Prémio + Libsen	1 ml de Award + 1 ml de Libsen/ L de água	6.10	6,83cd	7.10d	7.06d	7.99e	8.16e	10.45de	11.44de	13.66d	9.09d
Controlo não tratado		6.05	11.49a	14.90a	18.14a	24.21a	33.27a	37.69a	43.76a	49.04a	29.06a
LSD$_{0.05}$		1.597	1.20	0.865	1.17	1.16	1.31	1.92	1.90	2.10	1.82
SE (±)		0.851	0.645	0.965	1.31	1.96	2.88	3.50	4.46	5.11	2.58
Nível de significância		NS	**	**	**	**	**	**	**	**	**
CV(%)		15.18	9.62	5.63	6.98	5.66	5.44	6.82	5.87	5.49	7.71

Numa coluna, as médias seguidas de letras semelhantes não são significativamente diferentes. [DAS: Dias após a pulverização].

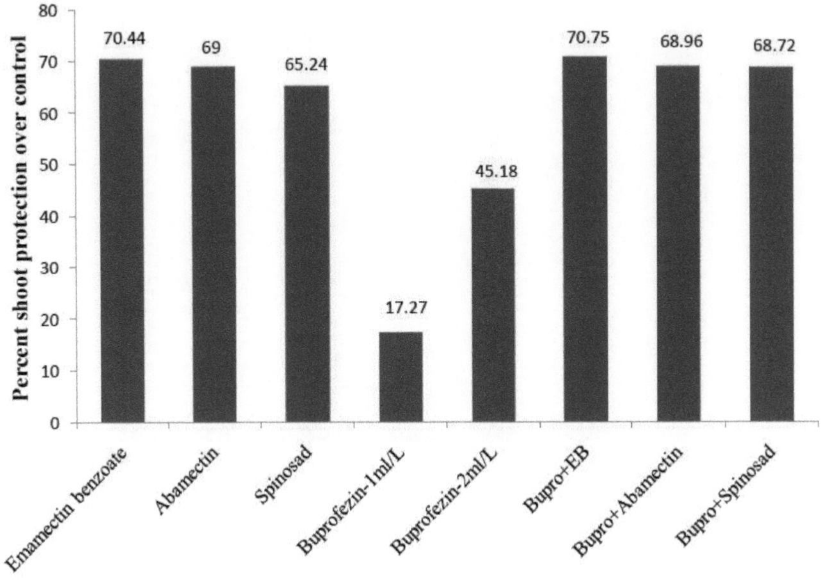

Figura 6. Percentagem de proteção dos rebentos de brinjal em relação ao controlo quando as plantas de brinjal foram tratadas com biopesticidas microbianos e à base de IGR seleccionados, individualmente ou em algumas combinações seleccionadas. A proteção máxima da infestação de rebentos foi observada no caso das parcelas tratadas com buprofezina + benzoato de emamectina, seguindo-se os outros tratamentos. A menor redução foi obtida nas parcelas tratadas com buprofezina 1ml/L.

[Aqui, Bupro significa Buprofezina; EB significa Benzoato de Emamectina]

Placa 10. Uma planta saudável de brinjal com frutos

Placa 11. Um rebento de brinjal infestado

4.2 Eficácia de biopesticidas seleccionados na percentagem de infestação dos frutos

Os efeitos dos biopesticidas microbianos e à base de IGR na percentagem de infestação de frutos são apresentados no Quadro 3. À semelhança da proteção dos rebentos, todos os biopesticidas seleccionados reduziram significativamente (P<0,01) a percentagem de infestação dos frutos em comparação com o tratamento de controlo.

A percentagem mais elevada de frutos infestados em todas as 4 colheitas foi obtida quando as plantas de beringela não foram tratadas (19,46, 27,85, 30,62 e 28,57% após a primeira, segunda, terceira e quarta colheita, respetivamente), onde a média cumulativa foi de 26,63% (Quadro 3). Esta

40

infestação de frutos comparativamente mais baixa levantou a possibilidade de a variedade selecionada (Amjhuri) ser moderadamente resistente à infestação de BSFB, uma vez que a literatura revela que foi registada uma infestação de frutos de cerca de 50 a 70% em algumas outras variedades de beringela, como a Jhumki. Ali e Rahman (1980) fizeram uma breve observação sobre a incidência da broca do rebento e do fruto em 12 cultivares de brinjal. Observou que a percentagem mais baixa de infestação de frutos (25%) ocorreu em Singnath e a mais alta (86%) em Jhumki.

A percentagem de infestação de frutos foi significativamente reduzida quando as plantas de brinjal foram tratadas com biopesticidas seleccionados, nomeadamente benzoato de emamectina, abamectina, spinosade e buprofezina, quer isoladamente quer em algumas combinações escolhidas (quadro 3). Os resultados indicaram que os três biopesticidas microbianos, nomeadamente o benzoato de emamectina, a abamectina e o spinosade, mostraram uma melhor eficácia do que o biopesticida à base de IGR buprofezina no que respeita à percentagem de infestação dos frutos. Mais claramente, registou-se uma média de 11,03% de infestação de frutos quando as plantas de brinjal foram tratadas com benzoato de emamectina, seguido de abamectina (12,10%) e espinosade (12,51%), respetivamente. Assim, 58,58, 54,26 e 53,02% dos frutos foram protegidos da infestação larvar quando as plantas de brinjal foram tratadas com benzoato de emamectina, abamectina e spinosad, respetivamente (Fig. 7).

O efeito da buprofezina na redução da percentagem de infestação de frutos foi estatisticamente significativo (P<0,01) (Quadro 3). A percentagem média de infestação de frutos nas parcelas tratadas com buprofezina 1ml/L foi registada em 22,46%, seguindo-se as parcelas tratadas com buprofezina 2 ml/L (16,35%), havendo uma diferença significativa entre as duas doses de buprofezina. Embora a percentagem mais elevada de frutos infestados após a primeira colheita tenha sido obtida nas parcelas tratadas com buprofezina 1ml/L, este tratamento proporcionou algum tipo de proteção a partir da segunda pulverização e a percentagem de proteção dos frutos acabou por ser de 15,66% em comparação com as parcelas tratadas com o controlo. Quando o mesmo biopesticida foi aplicado numa dose mais elevada (2 ml/L) como outro tratamento, proporcionou 38,66% de proteção dos frutos em relação à testemunha e foi o segundo pior tratamento depois da buprofezina (1 ml/L) (Fig. 7).

Estes resultados podem estar relacionados com as observações de Nasr *et al.* (2010), que constataram que a buprofezina causou uma mortalidade razoável nas larvas de *Spodoptera littoralis*. Ragaei e Sabri (2011) também constataram que a buprofezina era moderadamente eficaz contra as larvas de quarto instar do bicudo do algodoeiro, *Spodoptera littoralis*, e causava uma mortalidade significativa e uma redução do crescimento das larvas do bicudo.

O efeito combinado do benzoato de emamectina, da abamectina e do spinosade, quando aplicados em combinação com 1 ml/L de buprofezina, também foi avaliado na percentagem de infestação dos frutos. Curiosamente, a percentagem de infestação dos frutos não foi reduzida de forma notável quando estes biopesticidas microbianos foram aplicados em combinação com a buprofezina (Quadro 3). Observou-se que a percentagem média de infestação de frutos nas parcelas tratadas com buprofezina + benzoato de emamectina, buprofezina + abamectina e buprofezina + espinosade foi de 9,59, 10,80 e 12,19%, respetivamente. Mais claramente, foram obtidos 63,99, 59,44 e 54,22% de proteção dos frutos nas parcelas tratadas com buprofezina + benzoato de emamectina, buprofezina + abamectina e buprofezina + spinosade, respetivamente. É de referir que o tratamento buprofezina + benzoato de emamectina teve um efeito mais significativo do que as outras duas combinações. A razão não é clara, mas levanta a possibilidade de haver uma melhor ação sinérgica entre o benzoato de emamectina e a buprofezina do que os outros tratamentos.

Essas descobertas podem ser relacionadas com os resultados experimentais de Udikeri *et al.* (2004), que relataram que o benzoato de emamectina 5 SG a 11 g a.i/ha resultou significativamente na menor população de larvas (0,10/planta) do bicudo do algodoeiro e foi encontrado a par com spinosad 48 SC @ 50 g a.i/ha (0,14/planta). O dano devido ao bicudo foi menor nas plantas tratadas com benzoato de emamectina (4,19%), o que resultou em um número significativamente maior de cápsulas bem abertas e menor número de cápsulas mal abertas, juntamente com o maior rendimento de algodão em caroço (15,93 q/ha). Bhemanna *et al.* (2005) também avaliaram o benzoato de emamectina (proclamar 5% SG), um novo inseticida contra a broca do quiabo. O benzoato de emamectina @ 8,50 g a.i/ha registou menores danos causados pela broca do fruto e maior produção de frutos e foi altamente promissor contra o complexo da broca do fruto do quiabeiro.

Tabela 3. Percentagem média de infestação de frutos por *L. orbonalis* em diferentes colheitas contra diferentes tratamentos

Tratamentos	Doses	Percentagem média de infestação dos frutos por *L. orbonalis* em diferentes colheitas				Média acumulada
		1st picking	2nd picking	3rd picking	4th picking	
Suspender 5 SG (benzoato de emamectina)	1g/L de água	11.10de	10.81e	11.91e	10.30f	11.03e

Benten 1.8 CE (Abamectina)	2 ml/L de água	12,38cd	11,71de	11.95e	12.36d	12.10d
Libsen 45 SC (espinosade)	2 ml/L de água	12,34cd	12.22d	14.18d	11.30e	12.51d
Prémio 40 SC (Buprofezina)	1 ml/L de água	20.64a	20.01b	25.76b	23.44b	22.46b
Prémio 40 SC (Buprofezina)	2 ml/L de água	12.50c	16.34c	18.04c	18.53c	16.35c
Atribuir + Suspender	1 ml Prémio + 0,5g Suspender /L água	10.05e	7.80f	10.52f	9.98f	9.59f
Prémio + Benten	1 ml Prémio +1 ml Água de Benten/L	12.32cd	11.26de	9.02g	10.61ef	10.80e
Prémio + Libsen	1 ml de Award +1 ml de Libsen/ L de água	12.61c	11.20de	13.70d	11.25e	12.19d
Controlo não tratado		19.46b	27.85a	30.62a	28.57a	26.63a
LSD$_{0.05}$		1.18	1.19	1.22	0.79	1.07
SE (±)		0.39	0.40	0.41	0.26	0.36
Nível de significância		**	**	**	**	**
CV (%)		4.99	4.79	4.37	3.01	4.17

Numa coluna, as médias seguidas de letra(s) semelhante(s) não são significativamente diferentes.

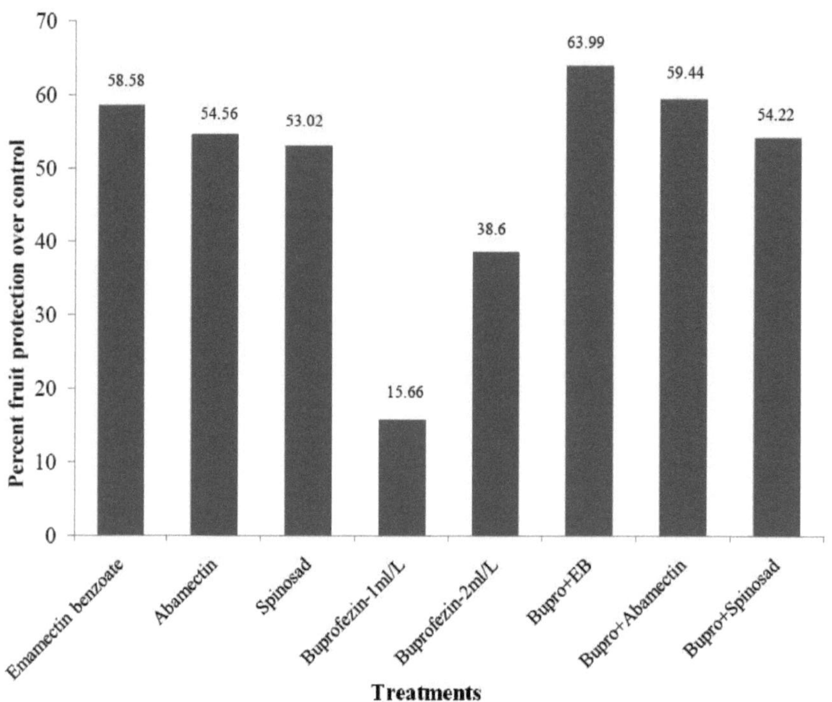

Figura 7. Percentagem de proteção dos frutos em relação ao controlo quando as plantas de brinjal foram tratadas com biopesticidas microbianos e IGR seleccionados, individualmente ou em algumas combinações seleccionadas. A proteção máxima dos frutos foi observada nas parcelas tratadas com buprofezina + benzoato de emamectina, seguindo-se os outros tratamentos. A menor proteção dos frutos foi obtida nas parcelas tratadas com buprofezina 1ml/L.

[Aqui, Bupro significa Buprofezina; EB significa Benzoato de Emamectina]

4.3 Efeitos de biopesticidas seleccionados no rendimento de frutos comercializáveis (t/ha)

Neste estudo, a eficácia de biopesticidas seleccionados no rendimento comercializável de frutos (t/ha) foi avaliada e os seus desempenhos de rendimento foram mostrados no Quadro 4. Entre os três biopesticidas fermentados por bactérias, o rendimento comercializável máximo foi obtido em parcelas tratadas com benzoato de emamectina (9,86 t/ha), seguido de abamectina (9,34 t/ha) e espinosade (8,17 t/ha), respetivamente (Quadro 4). Também se estimou que cerca de 83,96, 74,25 e 52,43% da produção de frutos comercializáveis foi aumentada em relação ao controlo quando as plantas de brinjal foram tratadas com benzoato de emamectina, abamectina e spinosad, respetivamente (Fig. 8). Além disso, cerca de 31% e 9% da produção de frutos foi aumentada nas parcelas tratadas com benzoato de emamectina em comparação com spinosad e abamectina,

44

respetivamente.

Ambas as doses de buprofezina aumentaram significativamente a produção de frutos comercializáveis em comparação com o controlo (Quadro 4). Observou-se que a produção total de frutos comercializáveis foi de 7,36 t/ha no caso das parcelas tratadas com buprofezina 2 ml/L e de 6,05 t/ha no caso das parcelas tratadas com buprofezina 1 ml/L. Embora a produção de frutos comercializáveis nas parcelas tratadas com buprofezina tenha sido estatisticamente significativa em comparação com o controlo, ambas as doses (1 e 2 ml/L) foram os piores tratamentos em comparação com outros biopesticidas. Apenas 12,87% da produção de frutos comercializáveis aumentou em relação ao controlo quando as plantas de brinjal foram tratadas com 1 ml/L de buprofezina, enquanto a produção aumentou cerca de 3 vezes (37,31%) quando a buprofezina foi aplicada na concentração de 2 ml/L e esta dose mais elevada foi significativamente diferente da dose mais baixa.

A produção de frutos comercializáveis aumentou muito ligeiramente em comparação com os tratamentos individuais quando o benzoato de emamectina, a abamectina e o spinosad foram aplicados em combinação com a buprofezina (1 ml/L). No entanto, a maior quantidade de frutos comercializáveis foi obtida em parcelas tratadas com buprofezina + benzoato de emamectina (9,94 t/ha), seguida por buprofezina + abamectina (9,88 t/ha) e buprofezina + spinosad (8,81 t/ha), respetivamente. A aplicação de buprofezina + benzoato de emamectina, buprofezina + abamectina e buprofezina + spinosad aumentou 85,45, 84,33 e 64,37% a produção de frutos comercializáveis em relação à testemunha, respetivamente (Fig. 8).

Observou-se também que o tratamento spinosad proporcionou uma eficácia comparativamente mais fraca do que o benzoato de emamectina e a abamectina quando o spinosad foi aplicado individualmente ou em combinação com a buprofezina (Quadro 4 e Fig. 8). Não houve diferenças significativas entre o benzoato de emamectina e a abamectina em relação à produção de frutos (efeito individual ou combinado), enquanto estes tratamentos diferiram significativamente do espinosade. Relativamente ao rendimento de frutos comercializáveis, o benzoato de emamectina e a abamectina proporcionaram o rendimento mais elevado quando foram aplicados individualmente ou em combinação com buprofezina e este resultado foi seguido por buprofezina + spinosad, spinosad, buprofezina 2 e 1 ml/L, respetivamente. O rendimento mais baixo foi registado nas parcelas não tratadas.

Estes resultados podem ser associados a alguns trabalhos de investigação anteriores. Anil e Sharma (2010) estudaram a eficácia do spinosad e do benzoato de emamectina contra a BSFB. Constataram que o spinosad e o benzoato de emamectina foram eficazes na supressão da infestação dos frutos pela BSFB. Murugaraj *et al.* (2006) referiram que o benzoato de emamectina (proclamação 5 SG) @ 11 g a.i/ha foi altamente eficaz na redução da população larvar de *H. armigera,* dos danos nos frutos, bem como no aumento do rendimento do tomate.

Ashok *et al.* (2001) estudaram o efeito de alguns novos insecticidas contra *P. xylostella.* Os resultados mostraram que o novaluron 0,00075 por cento foi considerado o mais eficaz no aumento da produção de frutos comercializáveis, seguido do abamectin 0,00045 por cento e do diafenthiuron 0,12 por cento.

Tabela 4. Rendimento de frutos comercializáveis de brinjal após a aplicação de diferentes tratamentos

Tratamentos	Doses	Rendimento comercializável (t/ha)				Rendimento total comercializável (t/ha)
		1st picking	2nd picking	3rd picking	4th picking	
Suspender 5 SG (benzoato de emamectina)	1g/L de água	2.63a	2.95a	2.89a	1.39bc	9.86a
Benten 1.8 CE (Abamectina)	2 ml/L de água	2.10c	3.04a	2.53b	1.67a	9.34ab
Libsen 45 SC (Espinosade)	2 ml/L de água	2.13bc	2.33b	2.55b	1.16de	8.17c
Prémio 40 SC (Buprofezina)	1 ml/L de água	1.54e	1.50d	1.81d	1.20cde	6.05e
Prémio 40 SC (Buprofezina)	2 ml/L de água	1.88d	1.95c	2.14c	1.39bc	7.36d
Atribuir + Suspender	1 ml Prémio + 0,5 g Suspender /L água	2.63a	2.95a	2.87a	1,49ab	9.94a
Prémio + Benten	1 ml Prémio + 1 ml Água de Benten/L	2.63a	3.03a	2.87a	1.35bcd	9.88a
Prémio + Libsen	1 ml de Award + 1 ml de Libsen/ L de água	2.30b	2.35b	2.81a	1.35bcd	8.81bc

Controlo		1.54e	1.50d	1.27e	1.05e	5.36e
LSD$_{0.05}$		0.18	0.12	0.22	0.20	0.69
SE (±)		0.06	0.04	0.07	0.07	0.23
Nível de significância		**	**	**	**	**
CV (%)		4.90	2.97	5.25	8.49	4.81

Numa coluna, as médias seguidas de letra(s) semelhante(s) não são significativamente diferentes.

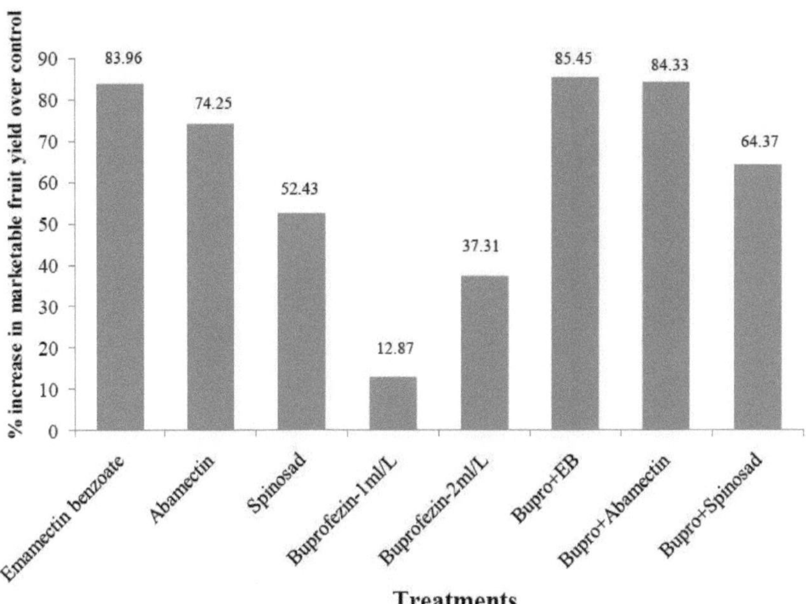

Figura 8. Aumento da percentagem de frutos comercializáveis em relação ao controlo quando as plantas de brinjal foram tratadas com biopesticidas microbianos e à base de IGR seleccionados, individualmente ou em algumas combinações seleccionadas. O aumento máximo da produção de frutos comercializáveis em relação ao controlo foi obtido nas parcelas tratadas com buprofezina + benzoato de emamectina, seguido dos outros tratamentos. O menor aumento da percentagem de frutos comercializáveis foi obtido nas parcelas tratadas com buprofezina (1 ml/L).

[Aqui, Bupro significa Buprofezina; EB significa Benzoato de Emamectina]

Placa 12. Alguns frutos de brinjal infestados após a colheita

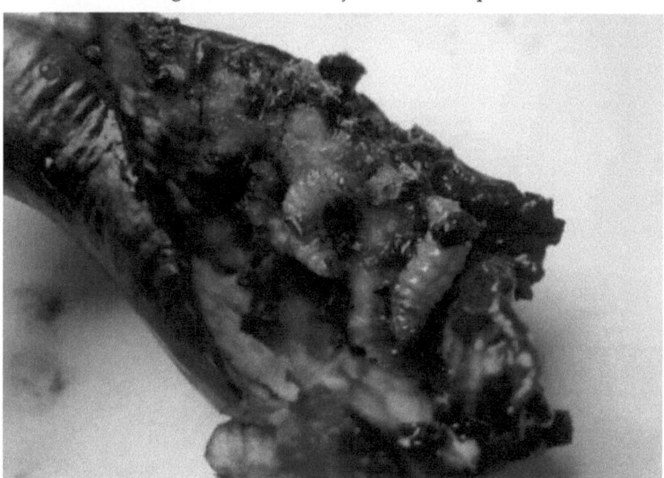

Placa 13. Um fruto de brinjal infestado com larvas no seu interior

4.4 Efeitos de biopesticidas seleccionados no rendimento de frutos infestados (t/ha)

Observou-se que cada um dos tratamentos foi significativamente eficaz contra a infestação da broca do rebento e do fruto da brinjal e reduziu a produção de frutos infestados em comparação com o controlo (Quadro 5). Entre os três biopesticidas fermentados por bactérias, a menor quantidade de frutos infestados foi obtida em parcelas tratadas com benzoato de emamectina (1,12 t/ha), seguida por abamectina (1,19 t/ha) e espinosade (2,03 t/ha), respetivamente. No entanto, os tratamentos benzoato de emamectina e abamectina foram estatisticamente insignificantes entre si. A produção de frutos infestados foi ligeiramente reduzida em comparação com o tratamento individual quando o benzoato de emamectina e a abamectina foram aplicados em combinação com buprofezina 1ml/L

48

(0,79 e 0,80 t/ha, respetivamente). Por outro lado, o spinosad proporcionou uma eficácia comparativamente mais fraca do que o benzoato de emamectina e a abamectina quando foi aplicado em combinação com a buprofezina (1,41 t/ha de frutos infestados).

Obteve-se uma quantidade moderada de frutos infestados nas parcelas que foram tratadas com 2 ml/L de buprofezina (2,76 t/ha) e seguiu-se 1 ml/L de buprofezina (3,06 t/ha) e estas duas doses diferiram significativamente. A maior quantidade de frutos infestados foi registada nas parcelas de controlo não tratadas (3,47 t/ha).

Observou-se que houve uma sincronização entre a redução da produção de frutos infestados e o aumento da produção de frutos comercializáveis para cada um dos tratamentos. O tratamento que causou a máxima redução na produção de frutos infestados em comparação com o controlo resultou na maior quantidade de frutos comercializáveis, como no caso das parcelas tratadas com buprofezina + benzoato de emamectina e buprofezina + abamectina. Da mesma forma, os tratamentos que causaram uma redução mínima na produção de frutos infestados em relação ao controlo resultaram numa menor quantidade de frutos comercializáveis, como nas parcelas tratadas com buprofezina @1ml/L e 2 ml/L.

Tabela 5. Rendimento de frutos de brinjal infestados após a aplicação de diferentes tratamentos

| Tratamentos | Doses | Frutos infestados (t/ha) | | | | Rendimento total infestado (t/ha) |
		1st picking	2nd picking	3rd picking	4th picking	
Suspender 5 SG (benzoato de emamectina)	1g/L de água	0.28d	0.30e	0.33f	0,21de	1.12f
Benten 1.8 CE (Abamectina)	2 ml/L de água	0,26de	0.42d	0,30fg	0,21de	1.19f
Libsen 45 SC (Espinosade)	2 ml/L de água	0.37c	0.55c	0.71d	0.40c	2.03d
Prémio 40 SC (Buprofezina)	1 ml/L de água	0.61b	0.78b	1.54a	0.13e	3.06b
Prémio 40 SC (Buprofezina)	2 ml/L de água	0.62b	0.76b	0.88c	0.50b	2.76c
Atribuição	1 ml Prémio +0,5 g	0,19ef	0,22ef	0,26gh	0.12e	0.79g

+Suspensão	Suspender /L água					
Prémio + Benten	1 ml de Prémio + 1 ml de água Benten/L	0.14f	0.18f	0.20h	0.28d	0.80g
Prémio + Libsen	1 ml de Award + 1 ml de Libsen/ L de água	0,33cd	0,23ef	0.43e	0,42bc	1.41e
Controlo		0.80a	0.95a	1.12b	0.61a	3.47a
LSD$_{0.05}$		0.08	0.10	0.08	0.09	0.17
SE (±)		0.03	0.03	0.03	0.03	0.06
Nível de significância		**	**	**	**	**
CV (%)		11.62	10.97	7.00	16.11	5.53

Numa coluna, as médias seguidas de letra(s) semelhante(s) não são significativamente diferentes.

4.5 Eficácia comparativa de diferentes doses de buprofezina na mortalidade, na redução do peso e na deformação cuticular das larvas da broca do fruto e do rebento da brinjal

Foram efectuadas experiências em laboratório para avaliar a eficácia da buprofezina na mortalidade e na redução do peso das larvas de *L. orbonalis*. A deformação cuticular da larva também foi observada após a aplicação dos tratamentos. Foram aplicadas diferentes doses de buprofezina (Award 40 SC), nomeadamente 200, 400 e 800 ppm, através de diferentes métodos de aplicação, como o método tópico (direto), o método de imersão em batata (indireto) e a combinação (tópico + imersão em batata). Na realidade, isto foi feito para compreender se a buprofezina tem ou não qualquer ação sistémica e se é adequada para alimentação interna. O resultado destas experiências foi apresentado e discutido de acordo com as experiências nos seguintes subtítulos.

4.5.1 Eficácia de diferentes doses de buprofezina na mortalidade e redução de peso de *L. orbonalis* através do método de aplicação tópica

4.5.1.1 Efeitos na mortalidade larvar

A aplicação tópica de diferentes doses de buprofezina na mortalidade de larvas da broca do broto e do fruto da babosa é mostrada na Tabela 6 (P<0,01). Os resultados revelaram claramente que a buprofezina foi moderadamente eficaz contra *L. orbonalis* e o efeito foi claramente dependente da dose. Não se registou qualquer mortalidade 3 horas após a aplicação do tratamento, tendo-se registado um efeito significativo aos 3 DAT (P<0,01), que foi consistente até aos 7 DAT (P<0,01). A mortalidade máxima, 44,44%, foi registada a partir de 800 ppm, seguida de 400 (28,28%) e 200 ppm (16,30%) de buprofezina, respetivamente. A mortalidade mais baixa (16,30%) foi encontrada a partir de 200 ppm, que foi quase comparável à do controlo tratado com água (11,11%) e ambas foram estatisticamente insignificantes.

Tabela 6. Percentagem média de mortalidade das larvas de *L. orbonalis* em diferentes intervalos de tempo após o tratamento com diferentes concentrações de buprofezina através do método de aplicação tópica

Tratamentos	Percentagem média de mortalidade larvar		
	3 CHAPÉUS	3 DAT	7 DAT
Buprofezina -800 ppm	0.00	32.64a	44.44a
Buprofezina - 400 ppm	0.00	24.58b	28.28b
Buprofezina - 200 ppm	0.00	12.91c	16.30c
Controlo tratado com água	0.00	11.11c	11.11c
LSD0.05		1.63	3.81
SE (±)		5.08	7.40
Nível de significância	NS	P<0.01	P<0.01
CV (%)		4.02	7.61

Numa coluna, as médias seguidas de letra(s) semelhante(s) não são significativamente diferentes.

[NS: Não significativo; HAT: Horas após o tratamento; DAT: Dias após o tratamento]

4.5.1.2 Efeitos no peso das larvas

O peso das larvas diminuiu gradualmente quando as larvas foram tratadas diretamente com buprofezina (Quadro 7). Entre as diferentes concentrações de buprofezina, o peso larvar médio mais baixo foi obtido a partir de 800 ppm (35,87 mg/larva), seguido de 400 pm (41,43 mg/larva) e ambas as doses tiveram um efeito significativo no peso larvar. No entanto, o peso médio das larvas no caso da dose mais baixa de buprofezina (200 ppm) foi estatisticamente insignificante em relação às larvas de controlo tratadas com água (54,07 vs. 56,98 mg/larva, respetivamente). Mais claramente, a redução máxima do peso das larvas (37,04%) foi observada a partir de 800 ppm de buprofezina, seguida de 400 ppm (27,29%) e 200 ppm (5,10%), respetivamente, em comparação com o controlo tratado com água (Fig. 9).

Tabela 7. Peso das larvas de *L. orbonalis* em diferentes intervalos de tempo após o tratamento com diferentes concentrações de buprofezina através do método de aplicação tópica

Tratamentos	Peso pré-tratado (mg/larva)	Peso após a aplicação do tratamento (mg/larva)		Peso médio acumulado (mg/larva)
		3 DAT	7 DAT	
Buprofezina -800 ppm	4.28	16.90c	54.84c	35.87c
Buprofezina -400 ppm	4.40	25.53b	57.32c	41.43b
Buprofezina -200 ppm	4.57	38.33a	69.81b	54.07a
Controlo tratado com água	4.50	37.67a	76.28a	56.98a
LSD$_{0.05}$	0.53	2.22	4.76	4.86
SE (±)	0.06	5.16	5.10	5.04
Nível de significância	NS	P<0.01	P<0.01	P<0.01
CV (%)	5.97	3.75	3.69	5.17

Numa coluna, as médias seguidas de letra(s) semelhante(s) não são significativamente diferentes. [NS: Não significativo; HAT: Horas após o tratamento; DAT: Dias após o tratamento]

4.5.2 Eficácia de diferentes doses de buprofezina na mortalidade e redução de peso de *L. orbonalis* através do método de imersão em batata

4.5.2.1 Efeitos na mortalidade larvar

Verificou-se uma mortalidade larvar significativa quando as larvas não tratadas receberam rodelas de batata tratadas com buprofezina (P<0,01) (Quadro 8). Observou-se que o método de imersão em batata foi comparativamente mais eficaz do que o método de aplicação tópica no que respeita às percentagens de mortalidade. A tendência do efeito da buprofezina foi semelhante à do método de aplicação tópica. Especificamente, a mortalidade máxima de 66,66% foi registada a partir de 800 ppm, seguida de 400 ppm (43,33%) e 200 ppm (33,33%) de buprofezina, respetivamente. Foi interessante observar que a concentração mais baixa teve um efeito significativo na mortalidade das larvas (33,33%) no caso do método de imersão em batata, enquanto o método de aplicação tópica teve um efeito insignificante em comparação com o controlo tratado com água. A mortalidade mais baixa foi registada no controlo não tratado (13,33%), em que as larvas não tratadas foram simplesmente colocadas em rodelas de batata não tratadas.

Tabela 8. Percentagem média de mortalidade de larvas de *L. orbonalis* em diferentes intervalos de tempo após tratamento com diferentes concentrações de buprofezina através do método de imersão em batata

Tratamentos	Percentagem média de mortalidade larvar		
	3 CHAPÉUS	3 DAT	7 DAT
Buprofezina -800 ppm	0.00	45.45a	66.66a
Buprofezina -400 ppm	0.00	23.33b	43.33b
Buprofezina -200 ppm	0.00	13.33c	33.33c
Controlo tratado com água	0.00	11.66c	13.33d
$LSD_{0.05}$		3.14	3.87
SE (±)		7.78	11.09
Nível de significância	NS	P<0.01	P<0.01
CV (%)		6.70	4.94

Numa coluna, as médias seguidas de letra(s) semelhante(s) não são significativamente diferentes. [NS: Não significativo; HAT: Horas após o tratamento; DAT: Dias após o tratamento]

4.5.2.2 Efeitos no peso das larvas

A buprofezina teve efeitos dependentes da dose na redução do peso das larvas (Quadro 9). O peso das larvas diminuiu gradualmente com o aumento do nível de concentração e da duração do tempo. Entre as diferentes concentrações de buprofezina, o peso larvar médio mais baixo foi obtido com 800 ppm (12,37 mg/larva), seguido de 400 ppm (27,03 mg/larva) e 200 ppm (43,57 mg/larva), respetivamente. Aqui, o peso médio das larvas no caso de todas as doses de buprofezina foi significativamente diferente em comparação com as larvas de controlo tratadas com água. O peso médio máximo da larva (61,75 mg/larva) foi encontrado no controlo tratado com água. Curiosamente, a concentração mais baixa de buprofezina (200 ppm) teve um efeito significativo no peso das larvas neste método de aplicação por imersão em batata, enquanto o método de aplicação tópica teve um efeito insignificante. A redução máxima do peso das larvas foi observada aos 7 DAT. Verificou-se uma redução de peso de cerca de 80% quando as larvas foram alimentadas com batata tratada com uma concentração de 800 ppm de buprofezina, seguida de 400 ppm (56,23%) e 200 ppm (29,44%), respetivamente, em comparação com larvas de controlo tratadas com água (Fig. 9).

Tabela 9. Peso das larvas de *L. orbonalis* em diferentes intervalos de tempo após o tratamento com diferentes concentrações de buprofezina através do método de imersão em batata

Tratamentos	Peso pré-tratado (mg/larva)	Alteração de peso após a aplicação do tratamento (mg/larva)		Peso médio acumulado (mg/larva)
		3 DAT	7 DAT	
Buprofezina -800 ppm	4.63	5.88d	18.86d	12.37d
Buprofezina -400 ppm	4.57	16.98c	37.08c	27.03c
Buprofezina -200 ppm	4.47	32.80b	54.33b	43.57b
Controlo tratado com água	4.60	49.22a	74.27a	61.75a
$LSD_{0.05}$	0.36	4.32	4.82	4.65
SE (±)	0.03	9.45	11.85	10.64
Nível de significância	NS	P<0.01	P<0.01	P<0.01
CV (%)	3.94	8.24	5.23	6.43

Numa coluna, as médias seguidas de letra(s) semelhante(s) não são significativamente diferentes.

[NS: Não significativo; HAT: Horas após o tratamento; DAT: Dias após o tratamento]

4.5.3 Eficácia comparativa de diferentes doses de buprofezina na mortalidade e redução do peso de *L. orbonalis* através do método combinado (tópico + imersão em batata)

4.5.3.1 Efeitos na mortalidade larvar

A mortalidade larvar mais elevada foi registada quando as larvas e as rodelas de batata foram tratadas com buprofezina, em comparação com o tratamento individual (Quadro 10). Não se registou qualquer mortalidade 3 horas após a aplicação do tratamento, mas verificou-se uma mortalidade significativa das larvas aos 3 DAT, que aumentou ainda mais aos 7 DAT. Aos 7 DAT, a mortalidade máxima foi registada com 800 ppm (69,44%) de buprofezina, seguida de 400 ppm (50,0%) e 200 ppm (36,67%), respetivamente (Fig. 9). Verificou-se uma mortalidade significativa mesmo a partir de 200 ppm (36,67%) de buprofezina em comparação com o controlo tratado com água. A mortalidade mais baixa foi registada no controlo tratado com água (12,7%), em que as larvas foram colocadas em rodelas de batata não tratadas.

Tabela 10. Percentagem média de mortalidade das larvas de *L. orbonalis* em diferentes intervalos de tempo após o tratamento com diferentes concentrações de buprofezina através do método combinado

Tratamentos	Percentagem média de mortalidade larvar

	3 CHAPÉUS	3 DAT	7 DAT
Buprofezina -800 ppm	0.00	49.91a	69.44a
Buprofezina -400 ppm	0.00	34.41b	50.00b
Buprofezina -200 ppm	0.00	23.33c	36.67c
Controlo tratado com água	0.00	11.10d	12.70d
$LSD_{0.05}$		3.27	3.11
SE (±)		8.25	11.92
Nível de significância	NS	P<0.01	P<0.01
CV (%)		5.50	3.68

Numa coluna, as médias seguidas de letra(s) semelhante(s) não são significativamente diferentes.

[NS: Não significativo; HAT: Horas após o tratamento; DAT: Dias após o tratamento]

4.5.3.2 Efeitos no peso das larvas

A buprofezina teve efeitos significativos e dependentes da dose no peso das larvas (P<0,01). Entre as diferentes concentrações de buprofezina, o peso larvar médio mais baixo foi obtido com 800 ppm (10,88 mg/larva), seguido de 400 ppm (24,03 mg/larva) e 200 ppm (41,13 mg/larva), respetivamente. Aqui, o peso médio das larvas no caso de todas as doses de buprofezina foi significativamente diferente em comparação com as larvas de controlo tratadas com água. O peso médio máximo das larvas (63,19 mg/larva) foi encontrado no controlo tratado com água. O padrão de redução do peso das larvas foi semelhante ao do método de imersão em batata, embora o nível de redução tenha sido superior ao do método de imersão em batata (Quadro 11). Observou-se que o peso das larvas diminuiu gradualmente com o aumento do tempo e o efeito foi claramente dependente da dose. Foi observada uma redução de peso de aproximadamente 83% a partir de 800 ppm de buprofezina, seguida de 400 ppm (61,97%) (Fig. 9). Cerca de 35% do peso foi reduzido quando tanto as larvas como os tubérculos de batata foram tratados com concentrações mais baixas (200 ppm) de buprofezina, em comparação com o controlo tratado com água.

Tabela 11. Peso das larvas de *L. orbonalis* em diferentes intervalos de tempo após o tratamento com diferentes concentrações de buprofezina através do método combinado

Tratamentos	Peso pré-tratado	Alteração de peso após a aplicação do tratamento	Peso médio acumulado

	(mg/larva)	(mg/larva)		(mg/larva)
		3 DAT	7 DAT	
Buprofezina -800 ppm	4.63	5.62d	16.14d	10.88d
Buprofezina -400 ppm	4.57	15.81c	32.25c	24.03c
Buprofezina -200 ppm	4.67	29.47b	52.78b	41.13b
Controlo tratado com água	4.53	48.62a	77.75a	63.19a
LSD$_{0.05}$	0.54	2.99	4.93	3.78
SE (±)	0.03	9.30	13.32	11.31
Nível de significância	NS	P<0.01	P<0.01	P<0.01
CV (%)	5.92	6.03	5.51	5.44

Numa coluna, as médias seguidas de letra(s) semelhante(s) não são significativamente diferentes.

[NS: Não significativo; HAT: Horas após o tratamento; DAT: Dias após o tratamento]

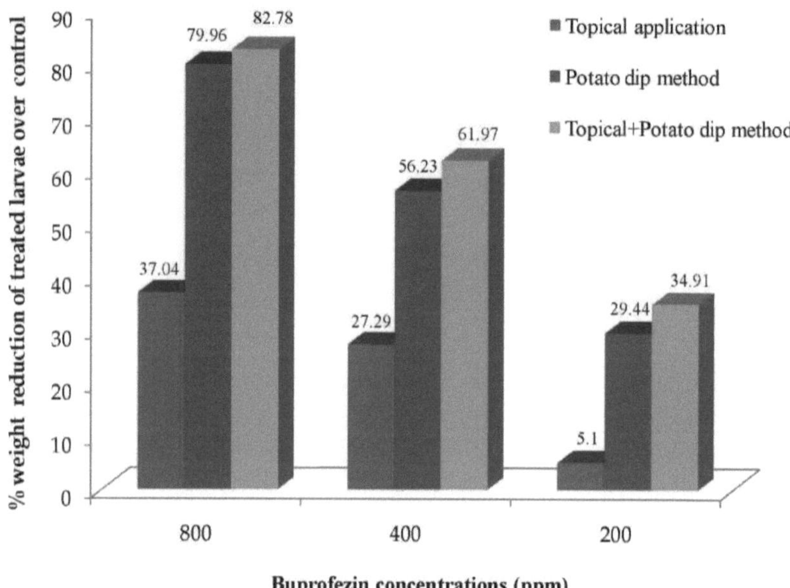

Figura 9. Percentagem de redução do peso das larvas de *L. orbonalis* em relação ao controlo. As larvas de segundo instar foram tratadas com diferentes concentrações de buprofezina através de diferentes métodos de aplicação e a redução de peso foi observada aos 3 e 7 DAT. A redução de peso foi

claramente dependente da dose e do método. A redução máxima do peso das larvas foi observada quando tanto as larvas como as rodelas de batata (método combinado) foram tratadas com 800 ppm de buprofezina, seguido do método de imersão em batata. O método tópico, bem como a dose mais baixa de buprofezina (200 ppm), foi menos eficaz.

4.6 Efeitos sobre as deformações cuticulares

A buprofezina é um inibidor da síntese de quitina, ou seja, afecta o processo de muda através da inibição da biossíntese de quitina. Neste estudo, observou-se que a buprofezina inibe potentemente a síntese de quitina e, por conseguinte, a cor da cutícula foi alterada e a cutícula foi fracturada (placa 15). As larvas de segundo instar foram tratadas com diferentes concentrações de buprofezina segundo diferentes métodos de aplicação, enquanto as larvas de controlo foram tratadas com água. As deformações cuticulares e as alterações de cor foram observadas aos 7 DAT (dias após a aplicação do tratamento).

A deformação cuticular máxima foi observada quando as larvas foram tratadas com concentrações mais elevadas de buprofezina através dos métodos de imersão em batata e de combinação. Foi encontrada uma mudança comparativamente fraca entre as larvas que foram tratadas com 200 ppm de buprofezina em comparação com 400 e 800 ppm. No entanto, não se verificou qualquer deformação cuticular quando as larvas tratadas com água foram colocadas em tubérculos de batata não tratados, o que indica claramente que a deformação cuticular foi inteiramente causada pela ação da buprofezina.

Placa 14. Experiência no laboratório

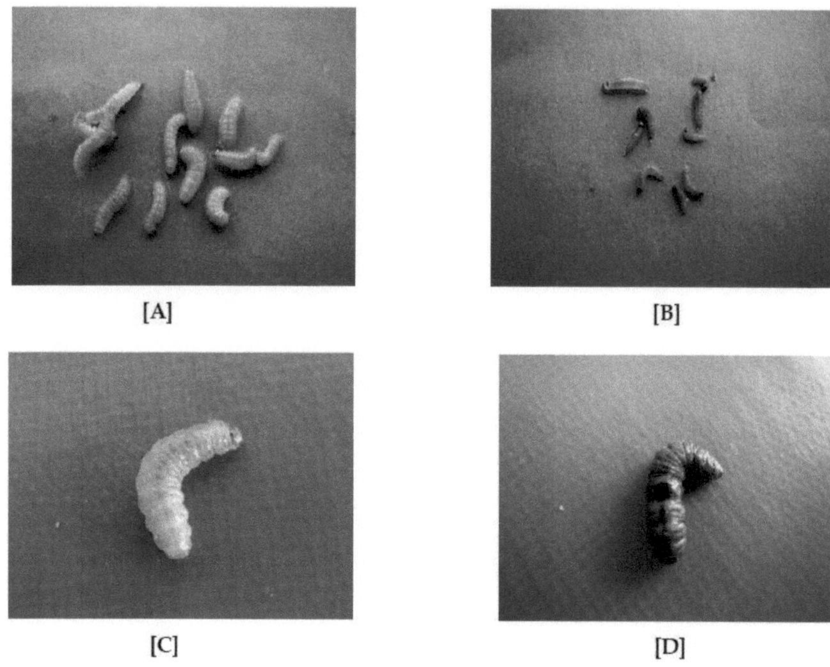

Placa 15. Fotomicrografias representativas das larvas de *Leucinodes orbonalis* após 7 dias de aplicação do tratamento (DAT). **[A]** Larvas de 2nd instares que foram tratadas com água, **[B]** larvas que foram tratadas com 800 ppm de buprofezina, **[C]** Uma larva não tratada com cutícula normal, **[D]** Uma larva tratada com deformações cuticulares. Foram observadas deformações cuticulares graves e alterações de cor quando as larvas foram tratadas com 800 ppm de buprofezina, ao passo que não foram observadas alterações quando tratadas apenas com água.

CAPÍTULO 5

RESUMO E CONCLUSÃO

Foi realizada uma série de experiências no Laboratório de Campo de Entomologia da Universidade Agrícola do Bangladesh (BAU), em Mymensingh, entre janeiro e julho de 2014, para avaliar a eficácia relativa de biopesticidas microbianos e à base de IGR contra a infestação da broca do rebento e do fruto da beringela, *Leucinodes orbonalis* Guen. Simultaneamente, os efeitos da buprofezina (regulador de crescimento de insectos) na mortalidade, redução de peso e deformações cuticulares das larvas BSFB foram observados em condições laboratoriais. Os resultados resumidos e a conclusão do estudo são os seguintes:

O presente estudo mostrou que cada um dos tratamentos biopesticidas foi significativamente eficaz contra a infestação de rebentos causada pela broca do rebento e do fruto da brinjal. A maior percentagem de infestação de rebentos foi encontrada nas parcelas tratadas com controlo (29,06%). Entre os tratamentos, a percentagem mais baixa de infestação de rebentos foi encontrada nas parcelas tratadas com buprofezina + benzoato de emamectina (8,50%), seguida pelo benzoato de emamectina (8.59%), abamectina (9,01%), buprofezina + abamectina (9,02%), buprofezina + spinosad (9,09%), spinosad (10,10%), buprofezina 2 ml/L (15,93%) e buprofezina 1ml/L (24,04%), respetivamente.

A partir dos dados experimentais, observou-se que a percentagem mais elevada de infestação de frutos nas quatro colheitas foi obtida quando as plantas de brinjal não foram tratadas e a infestação média de frutos foi de 26,63%. No entanto, todos os outros tratamentos foram considerados significativamente eficazes na redução da percentagem de infestação de frutos em relação ao controlo. A percentagem mais baixa de infestação de frutos foi encontrada nas parcelas tratadas com buprofezina + benzoato de emamectina (9,58%), que foi o melhor tratamento na redução da percentagem de infestação de frutos, seguido de buprofezina + abamectina (10.80%), benzoato de emamectina (11,03%), abamectina (12,10%), buprofezina + spinosad (12,19%), spinosad (12,51%), buprofezina 2 ml/L (16,35%) e buprofezina 1ml/L (22,46%), respetivamente.

Neste estudo, foi avaliada a eficácia de biopesticidas seleccionados na produção de frutos comercializáveis (t/ha) e verificou-se que todos os tratamentos aumentaram significativamente a produção de frutos comercializáveis em comparação com o controlo. A quantidade máxima de frutos comercializáveis foi obtida nas parcelas tratadas com buprofezina + benzoato de emamectina (9,94 t/ha), seguida de buprofezina + abamectina (9,88 t/ha), benzoato de emamectina (9.86 t/ha), abamectina (9,34 t/ha), buprofezina + spinosad (8,81 t/ha), spinosad (8,17 t/ha), buprofezina 2 ml/L (7,36 t/ha) e buprofezina 1 ml/L (6,05 t/ha), respetivamente. No entanto, a menor quantidade de rendimento comercializável foi obtida nas parcelas de brinjal não tratadas (5,36 t/ha).

Os resultados experimentais indicaram que cada um dos tratamentos foi significativamente eficaz na redução da produção de frutos infestados em comparação com o controlo. A menor quantidade de frutos infestados foi obtida nas parcelas tratadas com buprofezina + benzoato de emamectina (0,79 t/ha), seguida por buprofezina + abamectina (0,80 t/ha), benzoato de emamectina (1.12 t/ha), abamectina (1,19 t/ha), buprofezina + spinosad (1,41 t/ha), spinosad (2,03 t/ha), buprofezina 2 ml/L (2,76 t/ha) e buprofezina 1 ml/L (3,06 t/ha), respetivamente. No entanto, a maior quantidade de frutos infestados (3,47 t/ha) foi obtida quando as plantas de brinjal não foram tratadas.

As experiências laboratoriais revelaram claramente que, para diferentes métodos de aplicação, todas as três doses de buprofezina, ou seja, 200, 400 e 800 ppm, foram significativamente eficazes contra as larvas de *L. orbonalis* em termos de mortalidade e redução de peso. Não se registou mortalidade imediatamente após a aplicação de buprofezina (3HAT) no caso das três doses, independentemente dos métodos de aplicação. No entanto, a mortalidade aumentou significativamente aos 3 dias após a aplicação do tratamento (DAT) e aumentou ainda mais aos 7 DAT. Observou-se que a mortalidade era claramente dependente da dose e que a percentagem mais elevada de mortalidade larvar foi encontrada aos 7 DAT quando a concentração de buprofezina era de 800 ppm (44,44%, 66,66% e 69,44% de mortalidade no caso dos métodos tópico, de imersão em batata e tópico + imersão em batata, respetivamente), seguida de 400 ppm (28.28%, 43,33% e 50,00% de mortalidade no caso dos métodos tópico, de imersão em batata e tópico + imersão em batata, respetivamente) e 200 ppm (16,30%, 33,33% e 36,67% de mortalidade no caso dos métodos tópico, de imersão em batata e tópico + imersão em batata, respetivamente). A percentagem mais baixa de mortalidade larvar foi encontrada no controlo tratado com água (11,11%, 13,33% e 12,70% de mortalidade no caso dos métodos tópico, batata-dip e tópico+ batata-dip, respetivamente).

Tal como a mortalidade, o crescimento das larvas foi significativamente inibido pela buprofezina e também foi dependente da dose. A percentagem mais elevada de redução do peso das larvas em relação ao controlo foi encontrada aos 7 DAT quando as larvas foram tratadas com buprofezina na concentração de 800 ppm através de diferentes métodos de aplicação do tratamento (37,04%, 79,96% e 82,78% de redução do peso no caso dos métodos tópico, de imersão em batata e tópico + imersão em batata, respetivamente), seguido de 400 ppm (27.29%, 56,23% e 61,97% de redução de peso no caso dos métodos tópico, de imersão em batata e tópico + imersão em batata, respetivamente) e 200 ppm (5,10%, 29,44% e 34,91% de redução de peso no caso dos métodos tópico, de imersão em batata e tópico + imersão em batata, respetivamente). A deformação cuticular foi claramente observada quando as larvas foram tratadas com buprofezina segundo diferentes métodos de aplicação, o que também sugeriu que o alvo da buprofezina era a cutícula e que a buprofezina tinha dificultado a formação da cutícula ao bloquear a via endócrina.

CONCLUSÃO

A partir dos resultados experimentais, pode concluir-se que os três biopesticidas de fermentação bacteriana, nomeadamente o benzoato de emamectina, a abamectina e o spinosade, podem ser aplicados com êxito na gestão da BSFB, uma vez que proporcionam uma proteção significativa dos rebentos e dos frutos da brinjal em relação à testemunha. Embora o biopesticida à base de IGR, a buprofezina, tenha proporcionado uma proteção significativa dos rebentos e dos frutos de brinjal em comparação com a testemunha, não deve ser utilizado exclusivamente para a gestão da BSFB, uma vez que a percentagem de proteção não foi tão satisfatória. Por conseguinte, a buprofezina deve ser utilizada como componente de um programa IPM. No entanto, as doses combinadas de buprofezina (1 ml/L) com três biopesticidas fermentados por bactérias foram ligeiramente mais eficazes do que as doses individuais de cada biopesticida, mas tal pode ser mais dispendioso do que as doses individuais. Além disso, o estudo laboratorial revelou claramente que a mortalidade larvar e a redução do crescimento foram mais elevadas quando as larvas foram alimentadas com batata tratada com buprofezina do que as larvas diretamente tratadas com buprofezina. Isto levanta a possibilidade de a buprofezina atuar mais eficazmente quando chega ao estômago através do consumo de alimentos do que através do contacto cuticular. Esta constatação sugere que a muda ou a biossíntese de quitina é um processo inter-fisiológico e não apenas um processo cuticular. Os resultados da ação estomacal da buprofezina podem ser úteis para controlar a *L. orbonalis* em condições de campo, uma vez que esta espécie se alimenta internamente.

REFERÊNCIAS

Alam, M.Z. 1969. Insectos pragas de vegetais e seu controlo no Paquistão Oriental E. P. G. P., Dhaka, Paquistão Oriental. pp. 1-17.

Alam, M.Z. e Sana, D.L. 1962. Biologia da broca do rebento e do fruto do brinjal, *Leucinodes orbonalis* G. (Pyralidae: Lepidoptera) no Paquistão Oriental. The Scient. 5 (1-4): 1314.

Alam, M.Z., Ahmad, A., Alam, S. e Islam, M.A. 1964. A review of research division of entomology (1947-1964). Agril. Inf. Serv. 3, R.K. Mission Road, Dhaka. pp. 270-275.

Alam, MZ. 1970. Insectos pragas de produtos hortícolas e seu controlo no Bangladesh. Agril. Inf. Serv. Dacca, Bangladesh. 132p.

Ali, M.I. e Rahman, M.S. 1980. Avaliação no terreno da doença da murchidão e do ataque da broca do rebento e do fruto de diferentes cultivares de brinjal. Bangladesh J. Agril. Sci. 7(2): 193-194.

Anil, M. e Sharma, P.C. 2010. Bioeficácia de insecticidas contra *Leucinodes orbonalis* em brinjal. J. Environ. Biol. 31: 399-402.

Anónimo. 1978. Levantamento detalhado do solo, Bangladesh Agricultural University Farm, Mymensingh. Departamento de levantamento do solo. Governo da República Popular do Bangladesh. 11p.

Aparna, K. e Dethe, M.D. 2005-2006. Estudo de bioeficácia de insecticida bioracional em brinjal. Biorational insecticide on Brinjal. J. Biopest. 5(1): 75-80.

Asai. T., Kajihara, O., Fukada, M. e Maekawa, S. 1985. Estudos sobre o modo de ação da buprofezina II. Efeitos na reprodução da cigarrinha castanha, *Nilaparvata lugens* Stal. (Homoptera: Delphacidae). J. Appl. Entomol. Zool. 20(2): 111-117.

Ashok, B., Hadapad, C.S., Chaudhari e Chandele, A.G., 2001. Eficácia de diferentes insecticidas novos contra a traça-das-crucíferas, *Plutella xylostella* (L.). Pestology. 2: 26-28.

Atwal, A.S. 1976. Agricultural pests of Indian and Southeast Asia (Pragas agrícolas da Índia e do Sudeste Asiático). Nova Deli: Kalyani Publishers. 529p.

AVRDC. 2003. Technical bulletin No. 28. Shanhua Tainan Taiwan: Centro Asiático de Investigação e Desenvolvimento de Vegetais. 55p.

Banerjee, S.K., Turkar, K.S. e Wanjari, R.R. 2000. Avaliação de novos insecticidas para o controlo de bollworms no algodão. Pestology. 8: 14-16.

Bhemanna, M., Patil, B.V., Hanchinal, S.G., Hosamani, S.G. e Kengegowda, N. 2005. Bioeficácia do benzoato de emamectina (proclamar) 5% SG contra as brocas do quiabeiro. Pestologia. 2: 14-16.

Biswas, G.C., Start, M.A. e Saba, M.C. 1992. Levantamento e monitorização de insectos e pragas de brinjal na região montanhosa de Khagrachari. pp. 42-44. Relatório Anual, 1991-92, Divisão de Entomologia, BARI, Joydebpur, Gazipur, Bangladesh.

Butani, D.K. e Jotwani, M.G. 1984. Insectos em produtos hortícolas. Periodical Experiment Agency. D-42, Vivek Vihar, Delhi-110032, Índia. 356p.

Dandale, H.G., Rao, N.G.V., Tikar, S.N. e Nimbalkar, S.A. 2000. Eficácia do spinosad contra os bollworms do algodão em comparação com alguns piretróides sintéticos. Pestology. 24(11): 6-10.

Dandule, H.G., Rao, N.G., Tikar, S.N. e Nimbalkar, S.A. 2000. Eficácia do spinosad contra os bollworms do algodão em comparação com alguns piretróides sintéticos. Pestology. 24: 6-8.

Das, G. 2013. Efeito inibitório da buprofezina na descendência do gorgulho do arroz, *Sitophilus oryzae* L. (Coleoptera: Curculionidae). J. Biofert. Biopest. 4: 140.

Deng, L., Xu, M., Cao, H. e Dai, J. 2008. Efeitos ecotoxicológicos da buprofezina na fecundidade, crescimento, desenvolvimento e predação da aranha-lobo *Pirata piratoides* (Schenkel). Arch. Environ. Contam. Toxicol. 55: 652-658.

Dey, P.K. e Somchoudhary, A.K. 2001. Avaliação do spinosad A + D (spinosad 48 SC) contra o complexo de pragas de lepidópteros da couve e o seu efeito nos inimigos naturais da traça-das-crucíferas em condições de campo em Bengala Ocidental. Pestology. 25: 54-57.

FAO. 2000. Área e produção de beringelas. Year book. 48: 136.

Ghosh, S.K., Chaudhari, N., Ghosh, J., Chatterjee e Senapati, S.K. 2001. Field evaluation of pesticides against the pest complex of cabbage under terai region of West Bengal. Pestology. 2: 40-43.

Gowda, D.K., Suhas, Y. e Patil, B.V. 2003. Spinosad 45 SC: Um inseticida eficaz contra a broca da vagem do feijão-frade, *Helocoverpa armígera*. Pestology. 11: 21-22.

Gu, X.H., Bei, Y.W. e Gao, C.X. 1993. Atividade biológica e efeitos fisiológicos da buprofezina na cigarrinha castanha, *Nilaparvata lugens* Stal. Ata. Agric. Zhejangenais. 5: 11-15.

Hagerman, P.R. 1990. Métodos alternativos de gestão de pragas em culturas hortícolas em Calamba. pp. 315-325. In; Procedimentos do simpósio sobre o impacto da utilização de pesticidas na saúde nos países em desenvolvimento, realizado em Otava, Canadá, de 17 a 20 de setembro de 1990. 335p.

Hampson, G.F. 1986. The fauna of British India, including Cylon and Burma. Londres, Taylor and Francis. pp. 370-371.

Hemi, M.A. 1955. Efeito do ataque da broca no teor de vitamina 'C do brinjal. Pakisthan J. Heal. 4: 223-224.

Heong, K.L. 1988. A simulation approach to evaluating insecticides for brown planthopper control. Populat. Ecol. 30: 165-176.

Ishaaya, I. e Horowitz, A. 1998. Insecticidas com novos modos de ação, mecanismos e aplicações. Academic Press em Israel. 289p.

Ishaque, N.M.M. e Chaudhuri, R.P. 1983. Uma nova planta hospedeira alternativa da broca do brinjal, do rebento e do fruto, *Leucinodes orbonalis* Guen. em Assam. J. Res. Assam Argil. Univ. 4 (1): 83-85.

Izawa, Y., Uchida, M., Sugimoto, T. e Asai, T. 1985. Inibição da biossíntese de quitina por análogos de buprofezina em relação à sua atividade de controlo de *Nilaparvata lugens*. Pest. Biochem. Physiol. 24: 343-347.

James, D.G. 2004. Efeitos da buprofezina na sobrevivência dos estádios imaturos de *Harmonia axyridis, Stethorus punctum* (Coleoptera: Coccinellidae), *Orius tristicolor* (Hemiptera: Anthocoridae) e *Geocoris* spp. (Hemiptera: Geocoridae). J. Econ. Entomol. 97: 900-904

John, P.A., Srinivasan, K. e Chelliah, S. 2000. Efficacy of spinosad: Uma nova classe de inseticida contra pragas da couve, Pest Management in Horticultural Ecosystem. 6: 40-46.

Kalloo. 1988. Culturas de Solanáceas. pp. 520-570. Em Vegetable Breeding. CRC. Press. INC BOCA Raton, Florida.

Kanna, S., Chandra, S.S., Regupathy, A. e Stanly, J. 2005. Eficácia de campo da emamectina 5 SG contra a broca do tomateiro, *Helicoverpa armígera*. Pestology. 4: 21-22.

Karim, M.A. e Islam, M.N. 1994. Integrated managementof brinjal shoot and fruit borer, *Leucinodes orbonalis* Guen. at Joydebpur. pp. 41-46. *In.* Ann. Res. Relatório, 1993-94. Divisão de Entomologia, BARI. Joydebpur, Gazipur.

Kumar, P. e Devappa, V. 2006. Bioeficácia do benzoato de emamectina 5% SG (proclamação) contra a broca do brinjal e a broca do fruto. Pestology. 30: 17-19.

Kumar, P. e Johnsen, S. 2000. Estudos do ciclo de vida da broca do fruto e do rebento *(Leucinodes orbonalis)* e dos inimigos naturais dos insectos-praga da beringela (*Solanum melongena*). J. Appl. Biol. 10(2): 178-184.

Magagula, C.N. e Samways, M.J. 2000. Efeitos de reguladores de crescimento de insectos em *Chilocorus nigritus* (Fabricius) (Coleoptera: Coccinellidae), um inimigo não-alvo da cochonilha vermelha dos citrinos, *Aonidiella aurantii* (Maskell) (Homoptera: Diaspididae), na África Austral: Evidências de ensaios laboratoriais e de campo. Afr. Entomol. 8: 47-56.

Mehto, D.N., Singh, K.M., Singh, R.N. e Prasad, D. 1983. Biologia da broca do fruto e do rebento do brinjal, *Leucinodes orbonalis* Guen. Bull. Entomol. 24(2): 112-115.

Murali, T., Lal, O.P., Srivastava, Y.N.S. e Handa, S.K. 2002. Eficácia no terreno de diferentes insecticidas, *Bacillus thuringiensis* var. Kurstaki (Bt), neem e diflubenzuron para o controlo da broca do rebento e do fruto, *Leucinodes orbonalis* no ovo. J. Entomol. Res. 26: 43-49.

Murugaraj, P., Nachiappan, R.M. e Velvanrayanan, V. 2006. Eficácia do benzoato de emamectina (proclamar 5% SG) contra a broca do tomate, *Helicoverpa armigera* Hub. Pestology. 30: 11-16.

Nagata, T. 1986. Momento de aplicação de buprofezina para controlo da cigarrinha castanha, *Nilaparvata lugens* (Stal) (Homoptera: Delphacidae). J. Appl. Entomol. Zool. 14: 357-368.

Nasr, H.M., Badawy, M. e Rabea, E.I. 2010. Estudo bioquímico e de toxicidade de dois reguladores de crescimento de insectos, buprofezina e piriproxifena, na lagarta do algodão *Spodoptera littoralis*. Pest. Biochem. Physiol. 98 (2): 198-205.

Nayer, K.K., Ananthakrishnan, T.N. e David, B.V. 1995. General and applied Entomology. Décima primeira edição. Tata McGraw Hill Publ. Co. Ltd. 4/12, Asaf Ali Road, New Delhi-110002. 557p.

Nonnecke, J.L. 1989. Vegetable production. Van Nostrand Reinhold, Nova Iorque. 247p.

PAB. 1999. Pesticide Association of Bangladesh. Pesticide Consumption Report (Relatório sobre o consumo de pesticidas), Dhaka. 30p.

Panda, H.K. 1999. Rastreio de cultivares de brinjal para resistência à broca do rebento e do fruto (*Leucinodes orbonalis* Guen.) e seus efeitos no rendimento do brinjal. Indian J. Entomol. 4(4): 145-146.

Patel, J.R., Korat, D.M. e Patel, V.B. 1988. Incidência da broca do rebento e do fruto da brinjal *Leucinodes orbonalis* Guen. e o seu efeito no rendimento da brinjal. Indian J. Entomol. 16(2): 143-145.

Patil, B.V., Mujbar, S., Srinivas, A.G. e Bheemanna, M. 1999. Spinosad 48 SC: Um insecticida ideal no IPM do algodão. Pestologia. 13: 3-6.

Pawar, D.B., Kale, P.N., Choudni, K.G. e Ajri, D.S. 1986. Incidência da broca do rebento e do fruto do brinjal (*Leucinodes orbonlis* Guen.) na época da colheita e do verão. Relatório de investigação atual, Mahatma Phule Agril. Univ. 2(2): 167-169.

Puranik, T.R., Hadapad, A.R., Salunke, G.N. e Pokharkar, D.S. 2002. Gestão da broca do rebento e do fruto *Leucinodes orbonalis* através de formulações de *Bacillus thuiringiensis* em brinjal. J. Entomol.

Res. 16: 229-232.

Ragaei, M. e Sabry, K.H. 2011. Impacto do spinosad e da buprofezina sozinhos e em combinação contra o bicho do algodão, *Spodoptera littoralis*, em condições laboratoriais. J. Biopest. 4(2): 156-160.

Rahman, M.M. 2005. Tecnologias IPM de diferentes culturas com potencial para ensaios de campo gerados no Departamento de Entomologia, BSMRAU, Gazipur. Trabalho apresentado no workshop sobre operações de GIP organizado pelo projeto DANIDA-DAE-SPPS e realizado em 30 de março no DAE, Khamarbari, Dhaka, Bangladesh. 31p.

Rashid, M. 1993. Aplicação de doses recomendadas de estrume de vaca e outros fertilizantes químicos em campos de beringela. Bangladesh J. Entomol. pp. 247-250.

Schuster, D.J. 2001. Gestão de lagarta-do-cartucho, percevejos e tripes em tomates frescos comercializados na primavera de 1998. Artho. Manage. Test. 25: 171-172.

Shukla, R.P. 1989. Flutuação populacional de *Leucinodes orbonalis* e *Amrasca biguttula* em brinjal *(Solanum melongena) em* relação a factores abióticos em Meghalaya. Indian J. Agril. Scien. 59(4): 260-264.

Smith, D. 1995. Efeitos do regulador de crescimento dos insectos, buprofezina, contra as pragas dos citrinos *Coccus viridis* (Green), *Polyphagotarsonemus latus* (Banks) e *Aonidiella aurantii* (Maskell) e o coccinelídeo predador *Chilocorus circumdatus* Gyllenhal. Plant Prot. Q. 10: 112-115

Sontakke, B.K., Mohapatra, L.N. e Swain, L.K. 2013. Bioeficácia comparativa da buprofezina 25 EC contra pragas sugadoras de algodão e sua segurança para inimigos naturais. Indian J. Entomol. 75(4): 325-329.

Sridevi, T., Krishnayya, P.V. e Arjuna, P. 2004. Eficácia de microbianos isolados e em combinações na mortalidade larvar de *Helicoverpa armígera* (Hub.). Annual Plant Prot. Scien. 12: 243-247.

Stansly, P.A. e Connor, J.M. 1998. Impacto de insecticidas isolados e em rotação sobre a lagarta-do-tomateiro, o mineiro das folhas e os artrópodes benéficos no tomateiro em estacas, 1997. Artho. Manage. Test. 23: 162-165.

Swamy, G.V.S., Rao, N.H.P. e Hanumantha, V. 2000. Insecticidas no controlo do bollworm rosa *Pectinophora gossypiella* (Saunders) no algodão. Pestology. 7: 7-9.

Udikeri, S.S., Patil, S.B., Rachappa, V. e Khadi, B.M. 2004. Emamectin benzoate 5 SG: Um bio-racional seguro e promissor contra os bollworms do algodão. Pestology. 28: 78-81.

Valle, G.E., Lourencao, A.L. e Novo, J.P.S. 2002. Controle químico de ovos e ninfas de *B. tabaci* biótipo (Hemiptera: Aleurodidae). J. Scien. Agricola. 59(2): 291-295.

Vishal, M. e Ujagir, R. 2005. Avaliação do spinosad naturalyte contra o complexo de brocas de vagem no feijão-guandu precoce. Indian J. Plant Prot. 33: 211-215.

Walnuj, A.R., Pawar, S.A. e Darekar, K.S. 2001. Avaliação de uma nova molécula, Spinosad 2.5 SC, para o controlo de DBM *(Plutella xylostella)* na couve. Pestology. 25: 56-57.

Yamaguchi, M. 1983. Frutos de Solanáceas. pp. 298-304. In: World vegetables principles, production nutritive values. AVI publication company, INC, Westpest, Connecticut, EUA.

Yin, R.G. 1993. Bionomia de *Leucinodes orbonalis* Guen. e seu controlo. Entomol. Knowl. 30: 91-92.

APÊNDICES

APÊNDICE I

Análise de variância para a percentagem média de infestação de rebentos causada por *L. orbonalis* em diferentes pulverizações contra diferentes tratamentos

Source of variation	df	Pre-treated shoot (%)	Mean percent shoot infestation caused by *L. orbonalis* at different sprayings								Cumulative mean
			First spray		Second spray		Third spray		Fourth spray		
			7 DAS	14 DAS	7 DAS	14 DAS	7 DAS	14 DAS	7 DAS	14 DAS	
Replication	2	0.090	0.743	3.095	0.122	1.218	0.417	0.453	0.839	0.268	0.321
Treatment	8	0.422	11.255**	25.005**	46.396**	103.885**	223.233**	290.597**	498.263**	619.076**	179.655**
Error	16	0.072	0.484	0.250	0.459	0.453	0.568	1.242	1.213	1.478	1.116

APÊNDICE II

Análise de variância para a percentagem média de infestação de frutos por *L. orbonalis* em diferentes colheitas contra diferentes tratamentos

Fonte de variação	df	Percentagem média de infestação dos frutos por *L. orbonalis* em diferentes colheitas				Média acumulada
		1ª recolha	2nd picking	3rd picking	4ª colheita	
Replicação	2	0.396	0.427	1.000	0.063	0.413
Tratamento	8	41.398**	114.246**	162.689**	138.410**	104.677**
Erro	16	0.466	0.472	0.500	0.208	0.383

APÊNDICE III

Análise de variância para o rendimento de frutos de brinjal comercializáveis após a aplicação de diferentes tratamentos

Fonte de variação	df	Frutos comercializáveis				Rendimento total comercializável (t/ha)
		P-1	P-2	P-3	P-4	
Replicação	2	0.021	0.004	0.003	0.005	0.160
Tratamento	8	0.575**	1.209**	0.975**	0.105**	8.838**

| Erro | 16 | 0.011 | 0.005 | 0.016 | 0.013 | 0.160 |

APÊNDICE IV

Análise de variância para o rendimento de frutos de brinjal infestados após a aplicação de diferentes tratamentos

| Fonte de variação | df | Frutos infestados | | | | Rendimento total |
		P-1	P-2	P-3	P-4	infestado (t/ha)
Replicação	2	0.002	0.003	0.001	0.001	0.005
Tratamento	8	0.153**	0.246**	0.631**	0.086**	3.126**
Erro	16	0.002	0.003	0.002	0.003	0.010

APÊNDICE V

Análise de variância para a percentagem média de mortalidade das larvas de *L. orbonalis* em diferentes intervalos de tempo após o tratamento com diferentes concentrações de buprofezina através do método de aplicação tópica

| Fonte de variação | df | Percentagem média de mortalidade larvar | | |
		3 CHAPÉUS	3 DAT	7 DAT
Replicação	2	-	1.000	2.341
Tratamento	3	-	309.662**	657.290**
Erro	6	-	0.667	3.631

APÊNDICE VI

Análise de variância para a percentagem média de mortalidade de larvas de *L. orbonalis* em diferentes intervalos de tempo após tratamento com diferentes concentrações de buprofezina através do método de imersão em batata

| Fonte de variação | df | Percentagem média de mortalidade larvar | | |
		3 CHAPÉUS	3 DAT	7 DAT
Replicação	2	-	2.700	1.750
Tratamento	3	-	725.433**	1474.817**
Erro	6	-	2.470	3.750

APÊNDICE VII

Análise de variância para a percentagem média de mortalidade de larvas de *L. orbonalis* em diferentes intervalos de tempo após tratamento com diferentes concentrações de buprofezina através de método combinado

Fonte de variação	df	Percentagem média de mortalidade larvar		
		3 CHAPÉUS	3 DAT	7 DAT
Replicação	2	-	4.000	9.75
Tratamento	3	-	817.164**	1703.68**
Erro	6	-	2.667	2.41

APÊNDICE VIII

Análise de variância para o peso médio das larvas de *L. orbonalis* em diferentes intervalos de tempo após o tratamento com diferentes concentrações de buprofezina através do método de aplicação tópica

Fonte de variação	df	Peso pré-tratado (mg/larva)	Peso após a aplicação do tratamento (mg/larva)		Média acumulada (mg/larva)
			3 DAT	7 DAT	
Replicação	2	0.126	3.585	7.000	3.250
Tratamento	3	0,048NS	318.938**	311.817**	304.456**
Erro	6	0.070	1.232	5.667	5.917

APÊNDICE IX

Análise de variância para o peso médio das larvas de *L. orbonalis* em diferentes intervalos de tempo após tratamento com diferentes concentrações de buprofezina através do método de imersão em batata

Fonte de variação	df	Peso pré-tratado (mg/larva)	Alteração de peso após a aplicação do tratamento (mg/larva)		Média acumulada (mg/larva)
			3 DAT	7 DAT	
Replicação	2	0.023	0.003	1.153	0.750

Tratamento	3	0,014NS	1071.390**	1684.655**	1359.076**
Erro	6	0.032	4.669	5.820	5.417

APÊNDICE X

Análise de variância para o peso médio das larvas de *L. orbonalis* em diferentes intervalos de tempo após tratamento com diferentes concentrações de buprofezina através de método combinado

Fonte de variação	df	Peso pré-tratado (mg/larva)	Alteração de peso após a aplicação do tratamento (mg/larva)		Média acumulada (mg/larva)
			3 DAT	7 DAT	
Replicação	2	0.078	3.250	7.750	6.250
Tratamento	3	0,012NS	1037.868**	2128.012**	1534.220**
Erro	6	0.074	2.250	6.083	3.583

APÊNDICE XI

Padrão de precipitação média mensal, humidade e temperatura durante o período experimental de campo (janeiro a junho de 2014)

Meses	Ano	Temperatura do ar (^{0} C)			Humidade (%)	Precipitação (mm)
		Máximo	Mínimo	Média		
janeiro	2014	31.69	26.15	28.92	86.55	284.9
fevereiro	2014	31.32	26.28	28.80	86.94	741.0
março	2014	32.17	26.08	29.13	84.43	239.5
abril	2014	32.34	23.78	28.06	76.45	17.1
maio	2014	28.75	16.87	22.81	82.23	0.00
junho	2014	24.48	13.64	19.06	83.85	0.00

Fonte: Estaleiro Meteorológico, Departamento de Irrigação e Gestão da Água, Estação do Campus da BAU, Mymensingh.

Buy your books fast and straightforward online - at one of world's fastest growing online book stores! Environmentally sound due to Print-on-Demand technologies.

Buy your books online at
www.morebooks.shop

Compre os seus livros mais rápido e diretamente na internet, em uma das livrarias on-line com o maior crescimento no mundo! Produção que protege o meio ambiente através das tecnologias de impressão sob demanda.

Compre os seus livros on-line em
www.morebooks.shop